菊水健史 著

愛と分子

惹かれあう二人のケミストリー

東京化学同人

はじめに

A human being is by nature a political animal.
（ヒトは生まれながらにしてポリス的な動物である）

4th BC. アリストテレス「政治学」より

人間は他者との関係のなかで生きていきます。それは二人だけの関係にとどまらず、数多くの人が参加する共同体（ポリス）へと成長します。共同体には、家族や地域だけでなく、民族や国家などさまざまなレベルがあります。いずれの共同体でも、その目的は「一緒にいることでの利益と幸福」に向かいます。アリストテレスのこの有名な言葉は、いまだに多くの解釈がされるほどに意味が深く、そして哲学的なフレーズです。いずれの解釈でもこの格言の根底にあるとされ、一貫していることは、人は人とつながること、そしてそれが宿命である、ということです。人間は誰しも一人では生きていけないのです。

生命体が生まれたのはいつからのことでしょう。地球が誕生したのは四六億年ほど前だといわれています。無機的な物質世界が続き、諸説あるものの四〇億年前に生命の起源ともいわれる原始生命体が生まれたとされてきました。現在では、生命体の起源に関して化学進化仮説が最も有力なものです。無機的な物質が化学結合や触媒作用を介して、より複雑な有機物になっていきます。そうして生まれた有機体がしだいに生命活動らしい機能を獲得し、単細胞生物の誕生となります。単細胞生物がさらに「増殖」という機能を得ることで、生命体は地球上に広がりをみせていきます。いつしか生命体は、自分自身のＤＮＡを広く広げていくことを宿命とし、さまざまな機能が獲得、洗練されていくことになります。そのプロセスで大転換が訪れます。それが「性」の誕生で、約一〇億年前といわれています。

性の誕生とは、有性生殖の始まりを意味します。有性生殖をする生物は一人でいては子孫を残すことができず、異性と出会うことが必須となりました。自分のコピーをたくさん生み出すのではなく、異性との交配や接合によって、相手の遺伝子と自分の遺伝子を混ぜ合わせ、新しい遺伝子の組合わせをもった子をつくることができるようになりました。この遺伝子の多様性が、さまざまな生物を生み出す原動力となったのです。しかし、有性生殖にはリスクがあります。出会いのもと、遺伝子を融合させなければ、その生物は朽ち果ててしまいます。それでも他個体との交わりが織りなす、多様な個体による生存の可能性に賭けたことになります。また有性生殖は、「個体」としての命の終わりという運命も同時に受入れたことになります。コピーが産出されることがないので、一卵性双生児などの特別な場合を除き、個体はこの世で唯一無二の存在であり、そして個体としての死を迎入れなければならなくなりました。すべてが偶然のように思え、すべてが運命のようにも感じるのは、皆さんも同じではないでしょうか。

結ばれた雄と雌は、新しい遺伝子の組合わせをもった子を授かります。親の遺伝子をもつ子の生存は、親にとっても大事になります。親が子を守る、そのような機能が得られました。そして動物の機能が複雑化することで、絆の形成として観察されるようになります。親と子の絆、夫婦の絆、さらにはヒトとイヌの絆。これらは、互いが助け合い、協力することで、厳しい生存競争のなかを生き延びるために獲得した機能です。競争から協力が生まれた、といってもよいでしょう。

さて、このような絆を結ぶために相手を好きだと思い、仲間になろうと思う気持ちはどのように生まれるのでしょうか。たとえば色気があってモテる人のことを比喩的にフェロモンたっぷりの…などと表現することがありますが、フェロモンとは昆虫やマウスなどの一部の哺乳類が異性を惹きつけたり、餌のありかや危険を知らせるために放出する分子(化学物質)です。つまり、ある特別な分子の存在が自らや相手の行動を変えてしまうのです。言葉をもたない動物にとってこのような化学シグナルはとても重要なものです。一方、私たち人間は言葉を話し、相手と複雑なコミュニケーションをとることができるので、そこに化学物質は介在しないと思われがちです。しかし生物の体は細胞の集合体であり、細胞の構造一つ一つは分子からできていること、生理機能を維持するためのエネルギー合成や食物の消化など複雑な化学反応が無意識のうちに行われていることを考えると、気持ちや行動もその根源はさまざまな分子が体内で働くことで生じているのです。

近年の分子遺伝学的手法や微量分子測定の技術革新によって、心の側面、特に個体間をつなぐもの、たとえば親子の愛情や異性への嗜好性、絆の形成など愛情に関する分子がいくつか明らかになりました。実際にヒトを含めた動物の愛情表現に使われる分子（シグナル分子）や生体内で働く分子（神経伝達物質やホルモン）、さらに生殖行動をつかさどる分子（低分子からタンパク質）などがつぎつぎと発見、公表されるに至っています。ここでは性の誕生から軟体動物や昆虫の求愛、魚類や鳥類、齧歯類《げっしるい》（マウスなど）のパートナー選択、さらにはヒトの男女関係から、ヒトの最良の友といわれるイヌとの関係性に至るまでを取上げました。さらに、前半部では、これらの最先端の研究を俯瞰的に想像しながら理解できるよう多彩な写真を集めました。後半の解説文の内容が難しいと感じる方は、写真だけ眺めていてもさまざまな生物における絆を感じ取ることができるでしょう。また、解説文を読めば、より深く個体間に働く分子の存在を知ることができます。もちろん頭から順番に読み進めてもよいですが、横になり適当に開いたページや、ワインを飲みながらパラパラとめくって気になったページだけを見ても楽しめる構成になっています。

皆さん、特に生物学にかかわる方だけでなく一般の方々にも、生物が進化の過程で獲得した、その美しく洗練された分子メカニズムを知っていただき、生物界の見え方が多少なりとも変わってくだされば本望です。さて、前置きはこれくらいにして、生物の神秘的な世界の扉を開けてみましょう。

二〇一八年二月

菊水健史

本書の構成

写真の部

前半に愛をつかさどる分子や生や死にまつわる事柄などを写真と短文で象徴的に示しました.

解説の部

後半に前の写真に対応した事柄やそれを操る分子などを紹介し解説しました. 以下, その内容とページを示します.

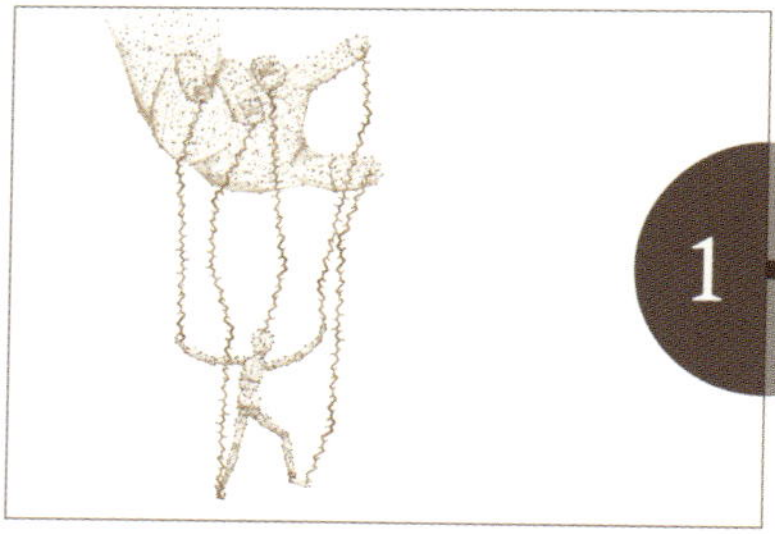

1 愛を操る分子
(p.54)

2 有性生殖の宿命
愛, 孤独, 死
(p.56)

3 競争か共生か
(p.58)

写　真　の　部　　　　　　　　解　説　の　部

写真の部　　　　解説の部

写真の部　　　　解説の部

写真の部　　解説の部

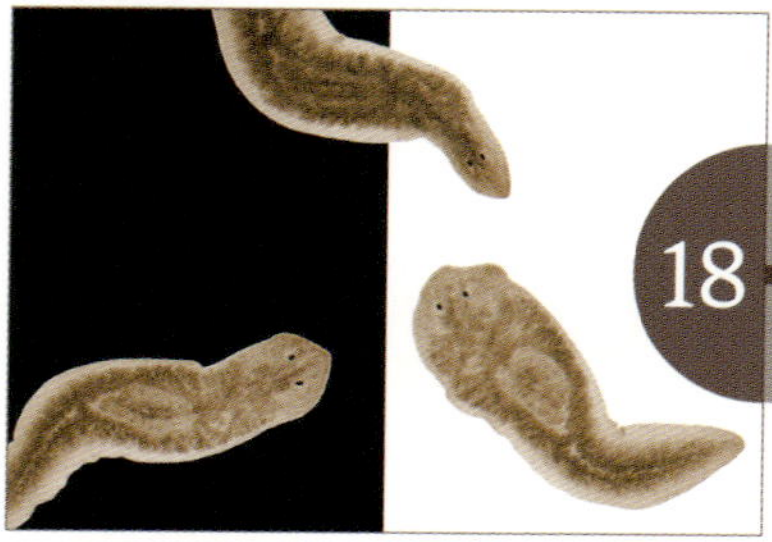

写 真 の 部　　　　解 説 の 部

20 生涯を添い遂げる夫婦の絆 (p.92)

21 無益という名の遺伝子 (p.94)

22 巻き方向と生存競争 (p.96)

23 モテる雄を研究するコピー戦術 (p.98)

写 真 の 部　　　　解 説 の 部

写真の部

1 → p.54

取りつかれたかのような異性への情熱
わが子を慈しむ心　一緒にいることの満足感
脳の神経細胞間や個体間でやり取りされる
愛の分子が生み出すこれらの心

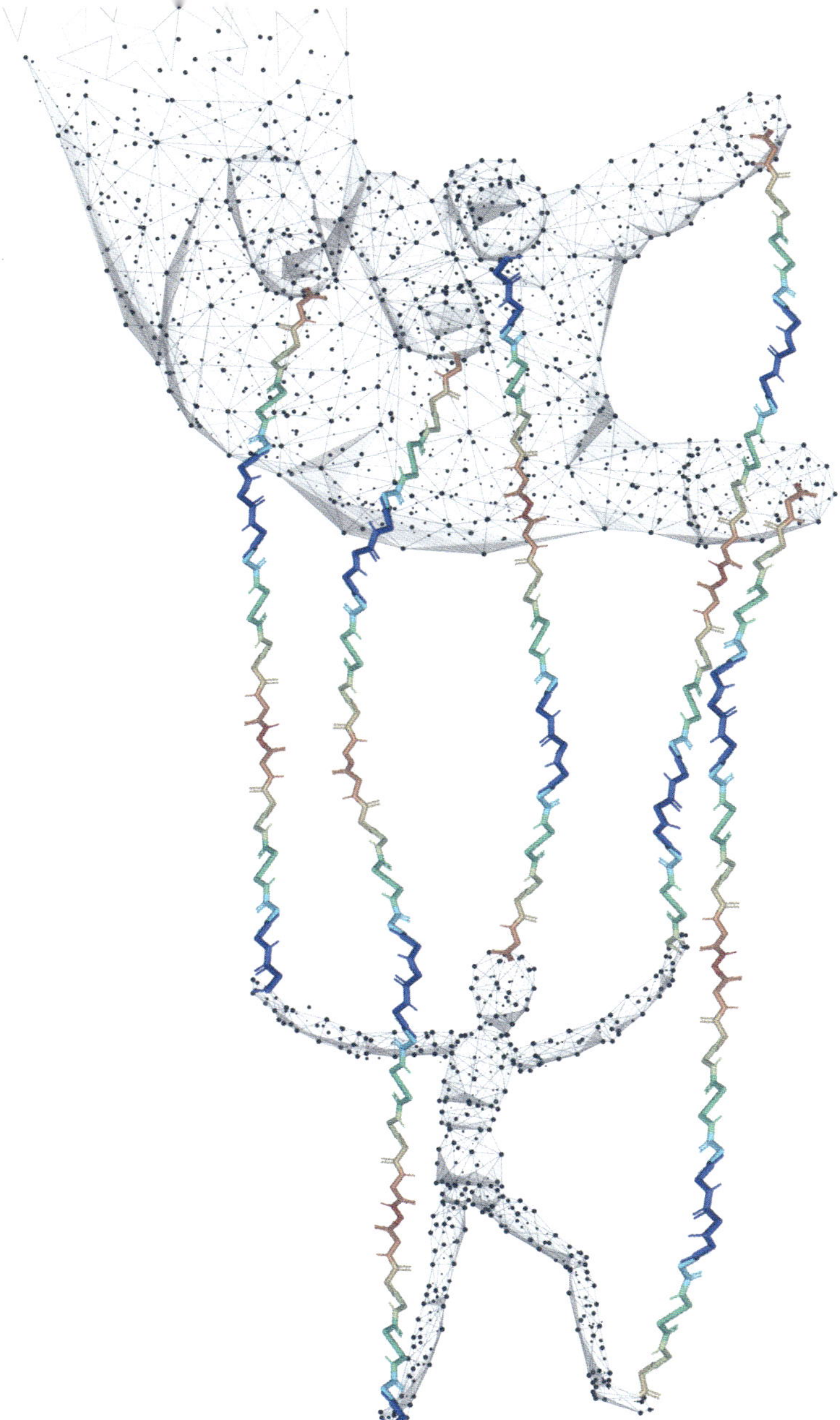

2 p.56

動物は「愛」を手に入れたと同時に
「個」の孤独感に苦しみ
そして「死」という運命を
受入れなければならなかった

3 p.58

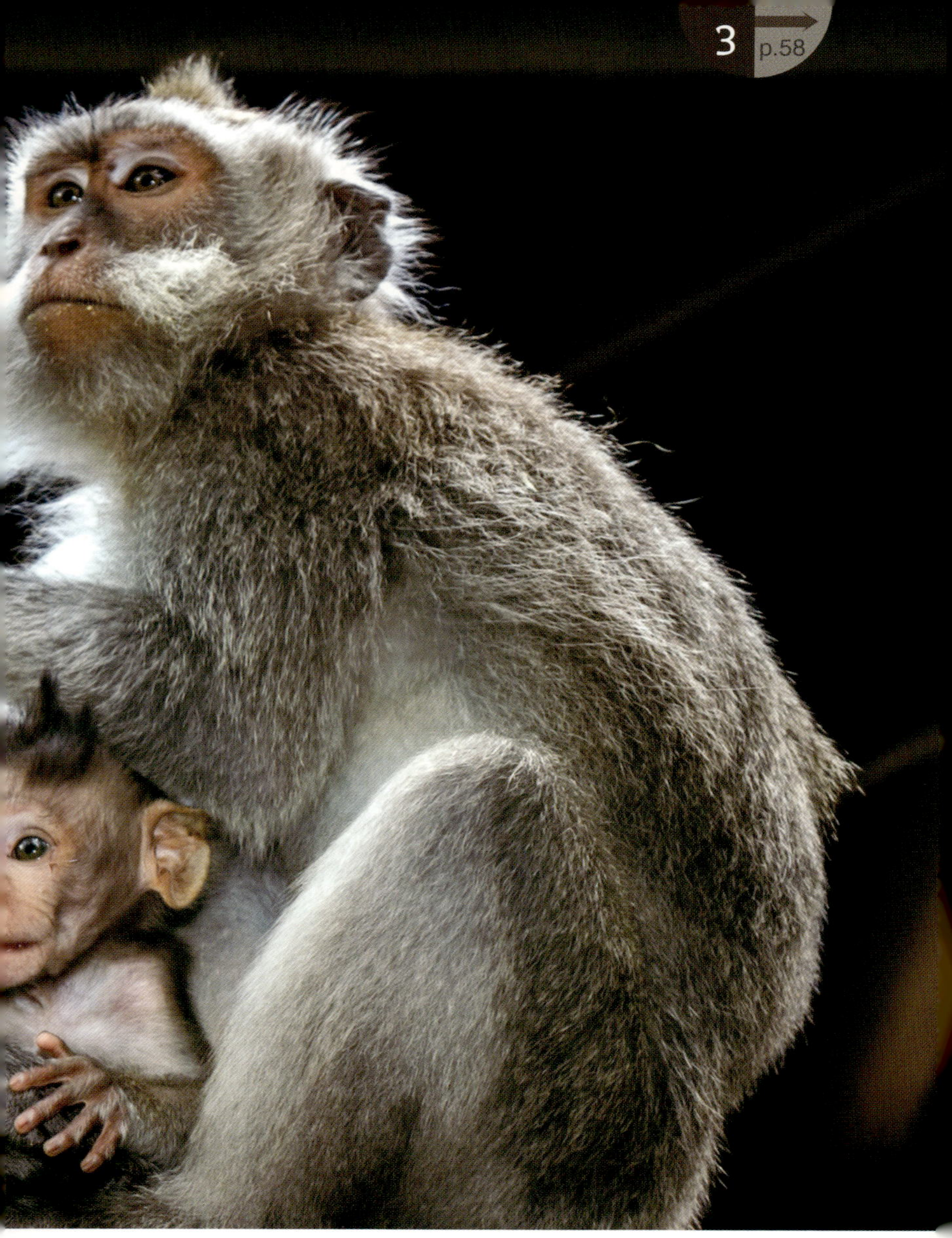

互いに身を守るための絆

競争から共生へ　競争のなかで育まれた

4 p.60

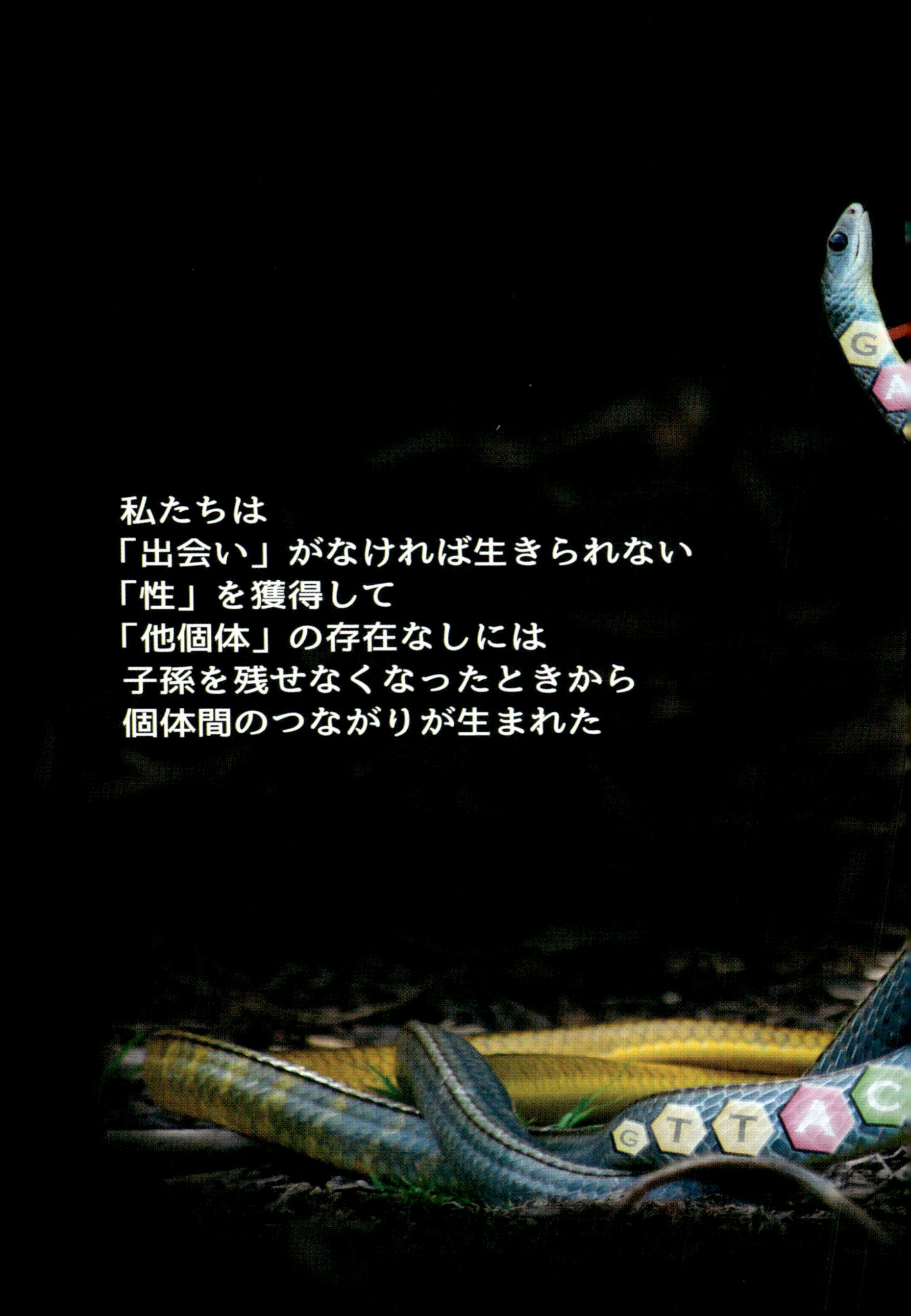

私たちは
「出会い」がなければ生きられない
「性」を獲得して
「他個体」の存在なしには
子孫を残せなくなったときから
個体間のつながりが生まれた

5 p.62

テストステロンは男らしさやたくましさを
つくり出す分子
子育て中の男性では減少する
父性愛をもたらす脳には
必要ないから

6 p.64

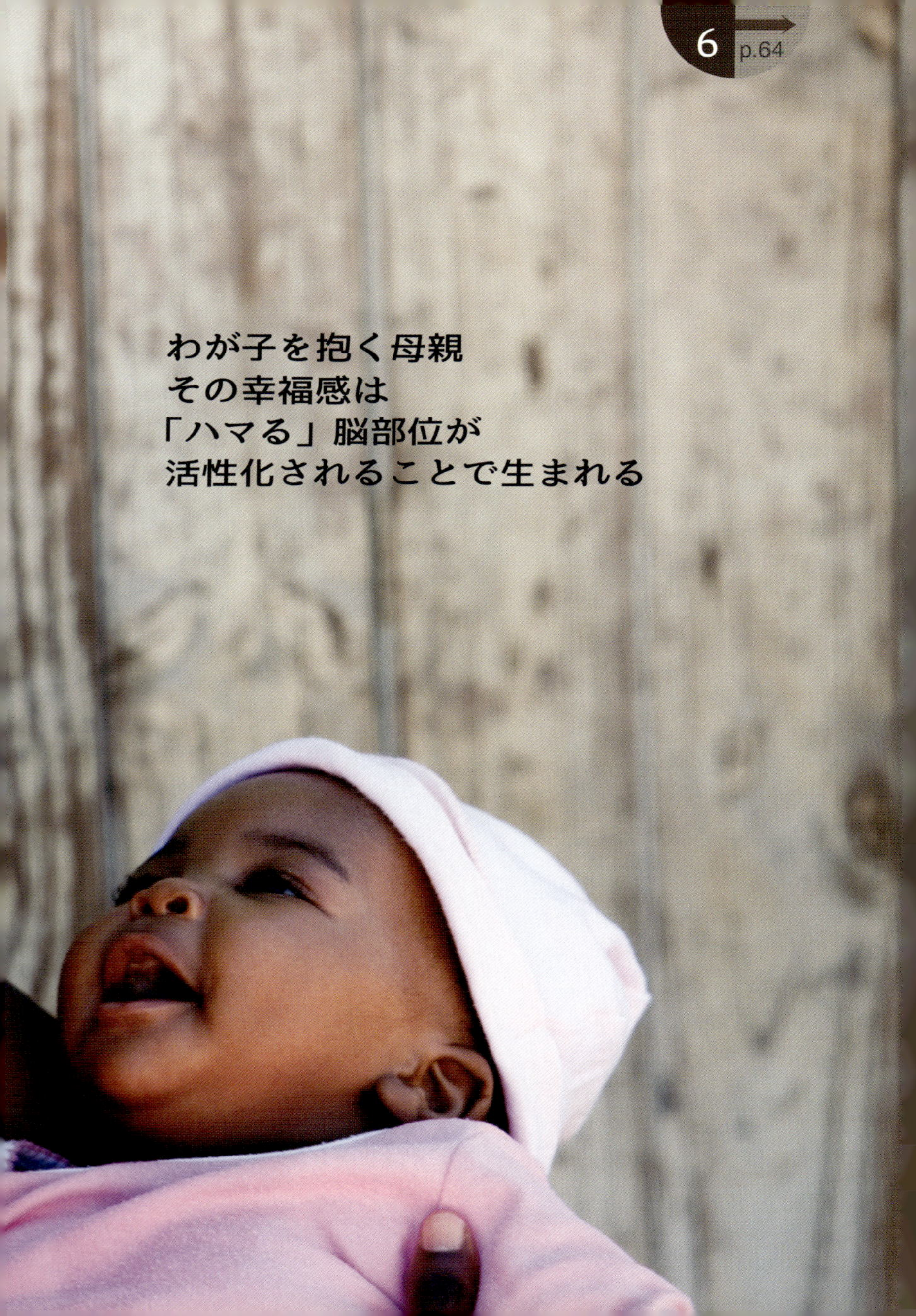
わが子を抱く母親
その幸福感は
「ハマる」脳部位が
活性化されることで生まれる

7 p.66

ヒトとイヌ　見つめ合う
視線のつながりは心もつなぐ

8 p.68

性を決める性染色体
その役割は
雄に男性ホルモン　雌に女性ホルモンを
つくらせるきっかけをもたらすこと
その先はそれぞれのホルモンが
雄らしさ雌らしさを形づくってゆく

9 p.70

理由はわからないけれど
何となく惹かれる
血縁関係を知るためのにおいを生み出す
分子の仕業かもしれない

10 p.72

真夜中の物陰でそっとささやかれる恋歌
雄マウスは雌に向けて
ヒトの耳には聞こえないほどの高い音で
歌を奏でる
それは雌にとって
父とは異なる雄と結ばれるための手掛かり

11 p.74

恋を実らせる夜
雌のいる部屋のドアには
二つの鍵穴がついている
これらの鍵を開けるには…

12 p.76

魅力的な雄ウズラの鳴き声
草むらから現れた雌の姿を一目するだけで
雄はその魅力を見抜く
雌は耳で恋をし　雄は目で恋に落ちる

13 p.78

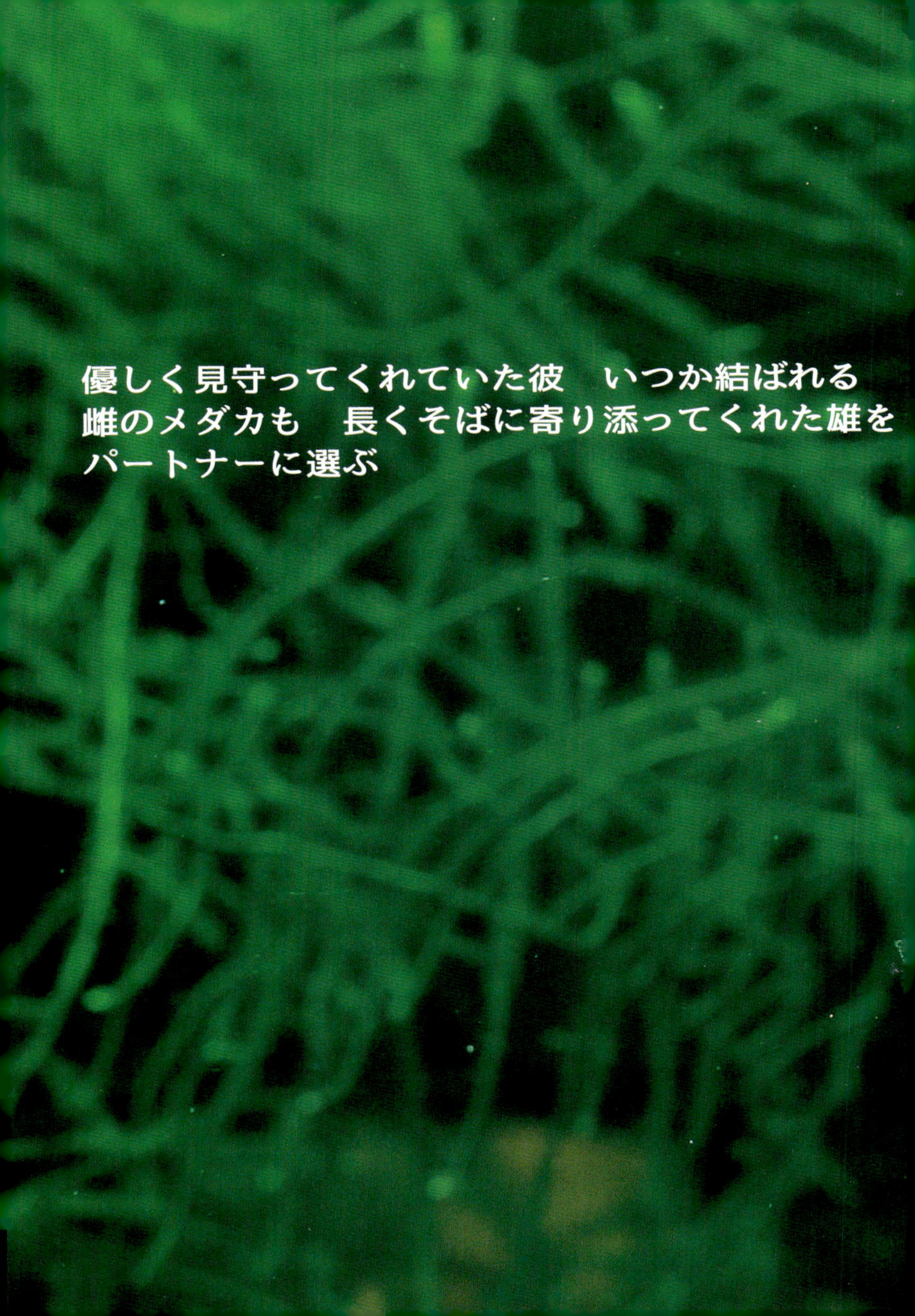

優しく見守ってくれていた彼　いつか結ばれる
雌のメダカも　長くそばに寄り添ってくれた雄を
パートナーに選ぶ

14 p.80

草木の運命を握る昆虫
愛を乗せた花粉を　遠く離れ
見ることもないパートナーへ伝える
恋のメッセンジャー

 p.82

カタツムリのカップルが放ち合う恋矢《ラブダーツ》
しかし　その矢は相手を傷めつけるための
純然たる武器だった

16 p.84

ショウジョウバエの恋の駆け引き
雄は恋の相手を見つけると
後ろから近づいて触り
求愛歌を奏でて　熱愛のアプローチ
それでも成就するかは雌しだい

17 p.86

ホタルの発光周期が一斉にそろい
夜空が彩られる
それは雄が雌を探すために
集団となって一斉に飛翔　発光しているから

18 p.88

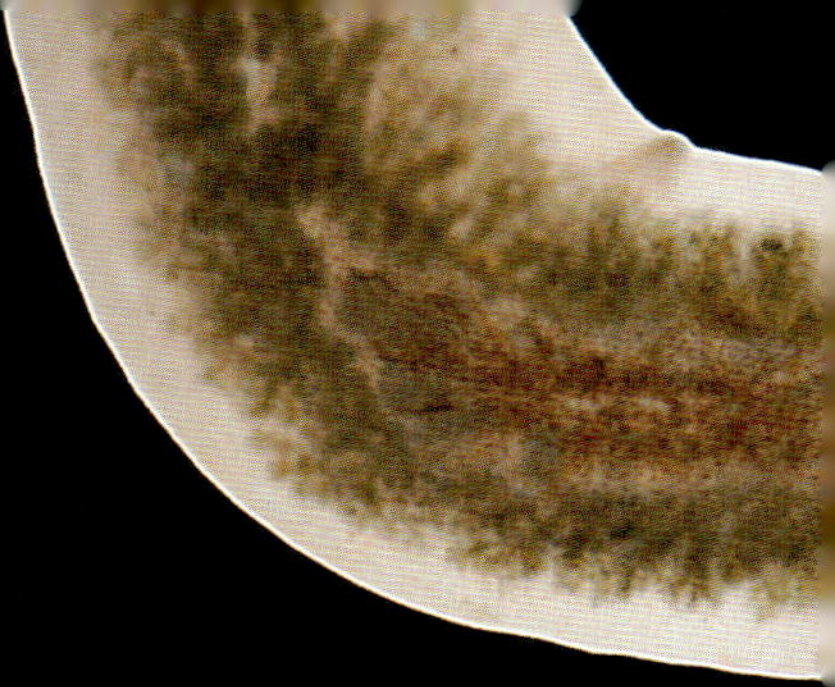

有性と無性を
自由に行き来するプラナリア
体じゅうのありとあらゆる器官を
無からつくり上げることすらやってのける

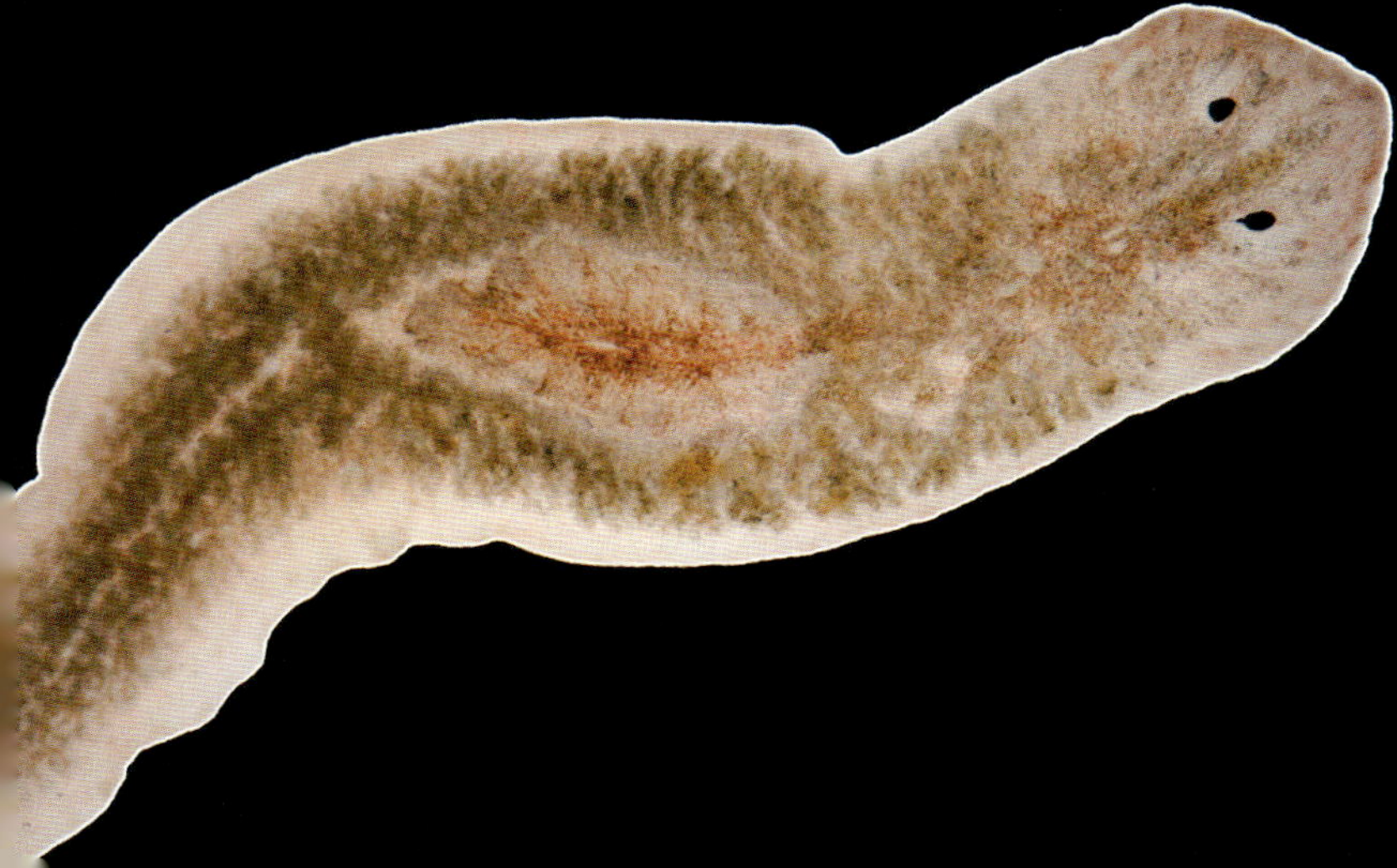

19 p.90

雌と雄の出会い
それは遺伝子の出会いと別れ
その仕組みを得たことで
多様性が生まれた

20 p.92

プレーリーハタネズミの夫婦の絆
草原で出会った若い雄と雌が一夜の契りで
生涯を添い遂げる　熱愛の物語

21 p.94

ひとりぼっちで
達成することのない「無益（fruitless）」な恋愛に
努力を続ける雄のハエ
恋愛モードをつくり出す
マスターコントロール遺伝子“*fruitless*”の
スイッチが押され続けていた

22 p.96

カタツムリの右巻きと左巻き
恋愛と生存の駆け引きから生まれた
新しい生き方

23 p.98

経験の少ない雌は
ほかの雌を真似して雄選び

24 p.100

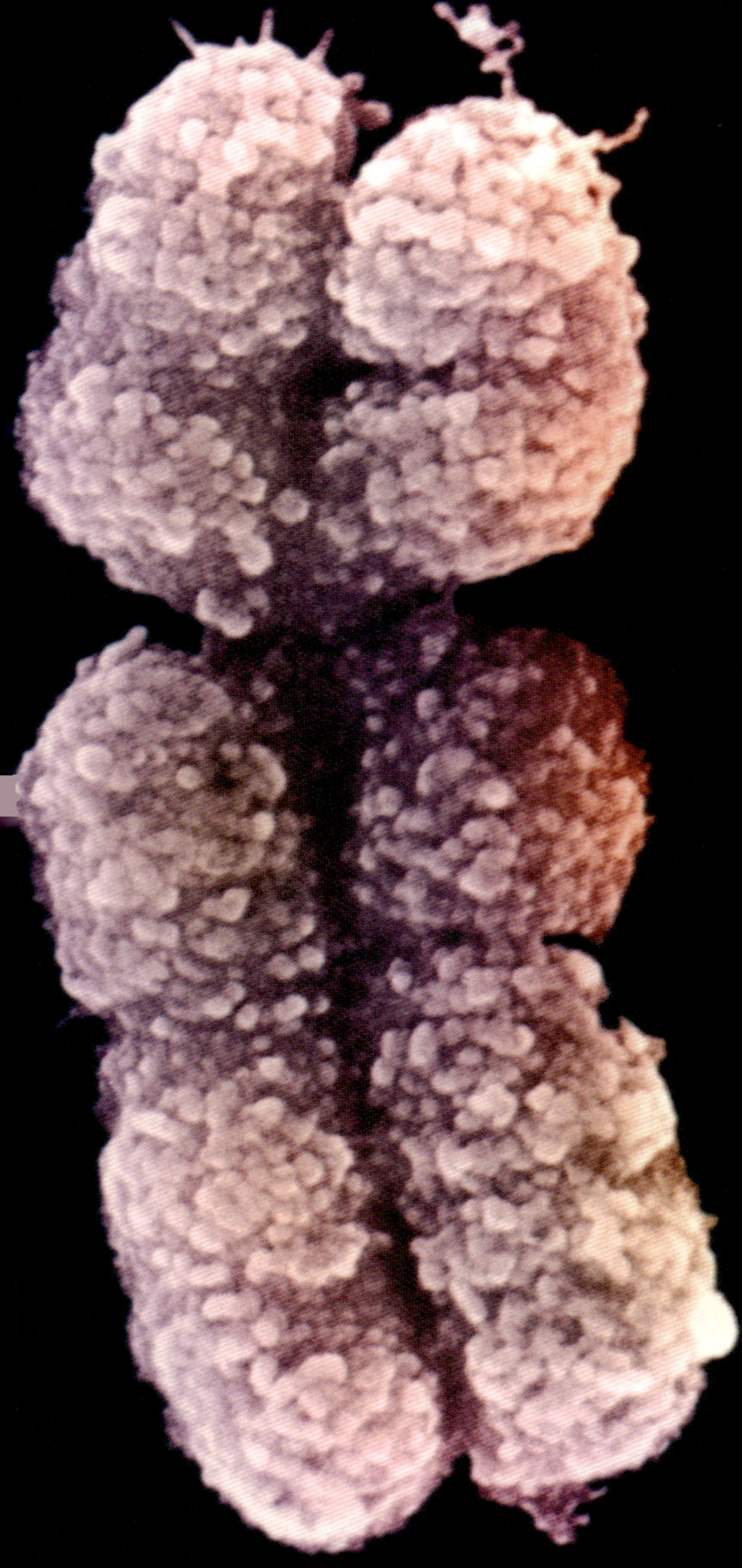

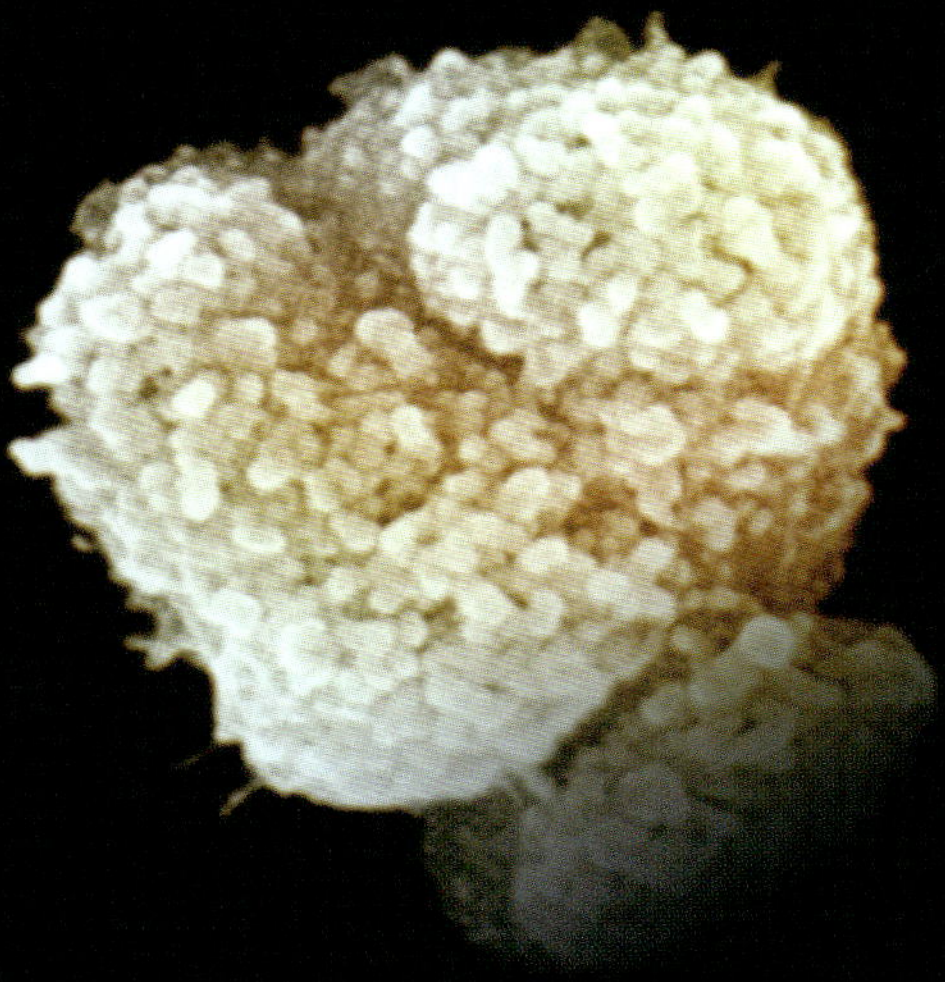

雄を決めるＹ染色体は
崩壊の一途をたどる
このままいくと
消滅する日が訪れるのかもしれない

25 p.102

私の犬たち
私が彼らを愛する以上に
私を愛してくれる
それも純粋に　真摯に

解説の部

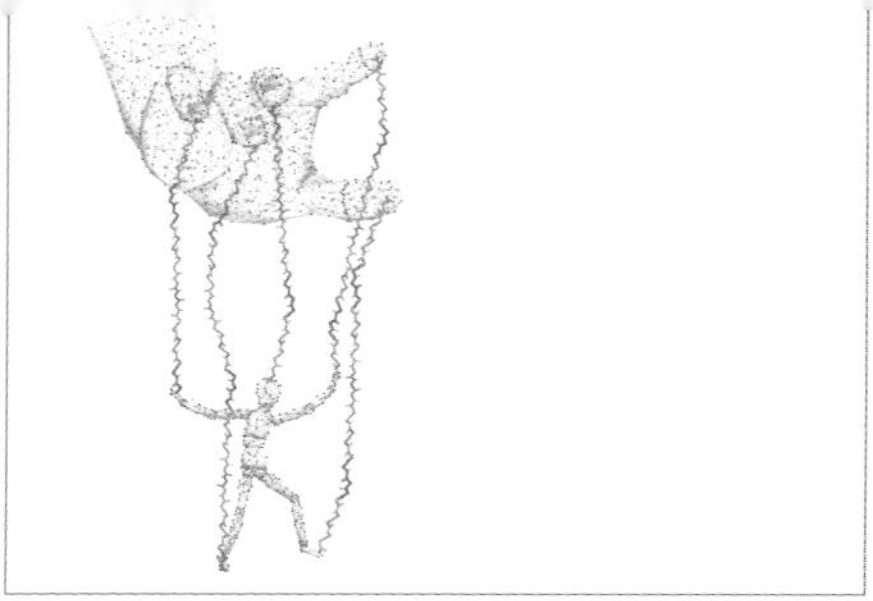

取りつかれたかのような異性への情熱　わが子を慈しむ心
一緒にいることの満足感
脳の神経細胞間や個体間でやり取りされる愛の分子が生み出すこれらの心

英語で“Chemistry”というと、皆さんは「化学」を思い浮かべると思います。ところがあまり知られていないもう一つの意味があります。それは二人の相性や親和的なよい関係のこと。たとえば“There's no chemistry between that girl and me”は「私とあの娘は相性が合わないよ」という意味になります。そもそも“Chemical”は化学分子の結合や親和性などを意味しますが、確かに一人一人を一つの分子とみなしてみると、ある相手とは親和性が高く距離が近くなり、ときにはくっつき合いますが、ほかの人に対しては、どうも相性が合わず、遠ざかるなど、まさに分子間の動きに似たものが想像できます。このように比喩的な意味で用いられていた“Chemistry”ですが、実際、体の中や脳の中で「分子」が動くことで、個体どうしのつながりが生まれてくることがわかってきました。

近年の分子や遺伝学の解析手法の発達や、ほんの微量な分子の濃度を測定する技術の革新によって、心の側面、特に「二人」を絆ぐようなもの、たとえば親子の愛情や異性への想い、絆の形成など、愛情に関する分子がいくつか明らかになってきました。たとえば、ヒトや動物どうしの間で取交わされる、愛情の伝達に使われる分子（シグナル分子）や身体の中で働く分子（神経伝達物質やホルモン）などがつぎつぎと発見、公表されています。これらのことは、これまで心理的に捉えられてきた「愛」が、実はさまざまな「分子」に操られた生物のもつ反応の一つであることを示しています。そしてその分子が解き明かされることで、「愛」の起源に迫ることができるでしょう。まさに「愛と分子」の研究の幕が開いた、といえます。

動物は「愛」を手に入れたと同時に「個」の孤独感に苦しみそして「死」という運命を受入れなければならなかった

2

生物の世界での無性生殖とは、個体が分裂して新たな個体を生み出すことです。つまり、子孫も自分のコピー（クローン）であり、同じ「個」がたくさん複製されることになるので、本当の意味での「個」は存在しません。「クローン」の世界では隣の個体も自分だし、自分も相手と同じです。そこには「私」や「あなた」という関係は成り立たないのです。また、一つの「個」はほかのクローンがある限り、不滅ともいえます。「自分」が死んでも隣の「自分」が生きているわけです。

それに対して、雄と雌が遺伝子を混ぜ合わせる有性生殖では、新しい遺伝子の組合わせをもった、親とは異なる個体が生まれます。一個体一個体が異なる遺伝子をもつことになるので、有性生殖では「個」が誕生します。親や兄弟とは違う遺伝子をもった「自分」が存在し、自分とは異なる「あなた」が存在するようになります。広い世界、そして古今を見渡してみても、「自分は一人」なのです。そして生まれた「個」はやがて「死」を迎える運命にあります。世界で唯一の存在は、その命が尽きることで、永遠に再生されることはありません。

つまり有性生殖の始まりとは、雄と雌が出会い、つがうという「愛」の生活を手に入れたと同時に、世界に一つだけの「個」の孤独を生み出し、さらに宿命的な「死」という運命を受入れたことになります。

競争から共生へ
競争のなかで育まれた互いに
身を守るための絆

3

自然選択や性選択は、チャールズ・ダーウィン（注）が提唱した進化の原動力であり、より優秀な個体は競争に勝ち、多くの繁殖の機会を得ることができます。次世代では、そのような「勝者」の遺伝的な形質をもつ子孫が多く生き残ることになります。彼の書、『種の起原』にも、進化の過程では生き残る力のあるものが生存競争に勝ち残り、競争に破れたものは滅びていくという、いわば適者生存が生物の進化を進めたと記してあります。これが最も強い進化の原動力になったことは疑いようがありません。しかし、動物、特に哺乳類は同時に、群れのメンバーが弱者を守り、仲間の存在によってストレスが軽減するような、親和的な神経・行動システムも発達させてきました。これは、動物の家族、すなわち血縁関係にある個体を守り育てるための力、そしてそれを支える愛情や絆として観察することができます。

同じくダーウィンの書、"The Descent of Man, and Selection in Relation to Sex"にも、「同情（あるいは共感）は習慣（学習）によってより強く発現するようになる。どんなに複雑な形でその気持ちが表れたとしても、相互に助け合い、保護し合うすべての動物にとって、

（注）DARWIN, Charles Robert（1809～1882）英国の博物学者。進化論者。

同情にかかわる感情は非常に重要なものの一つであり、自然選択の進化の過程においても、その重要性は高まってきている。最も思いやりの強いメンバーが数多く含まれていている群れは最もよく繁栄して、多くの子孫を育て上げることが可能なのである」とあります。

血縁を中心とした群れでは、群れのメンバーで絆が形成され、それをもとに互いが守り合うようになります。そのような互恵的な行動も、個体の生存確率を上げるがゆえ、適応的な行動の一つであると解釈できます。厳しい生存競争のなかだからこそ、哺乳類などの動物種においては、互いを助け、守り合うという共感性が進化の過程で獲得されてきたといえるでしょう。

私たちは「出会い」がなければ生きられない
「性」を獲得して「他個体」の存在なしには子孫を残せなくなったときから
個体間のつながりが生まれた

4

「性」を取巻く個体間の関係性はいつから始まったのでしょう。そもそも「性」はなぜ生まれたのでしょうか。原始的な生物は細胞分裂で増殖する、いわゆるクローンです。対照的に「性」は、有性生殖する個体の特性を意味し、配偶子（卵・精子など）の接合により、個々がもつ遺伝子を混合させて、新たな「個体」を生み出すことになります。有性生殖を行う生物は自分だけで子孫を残すことができません。このように考える

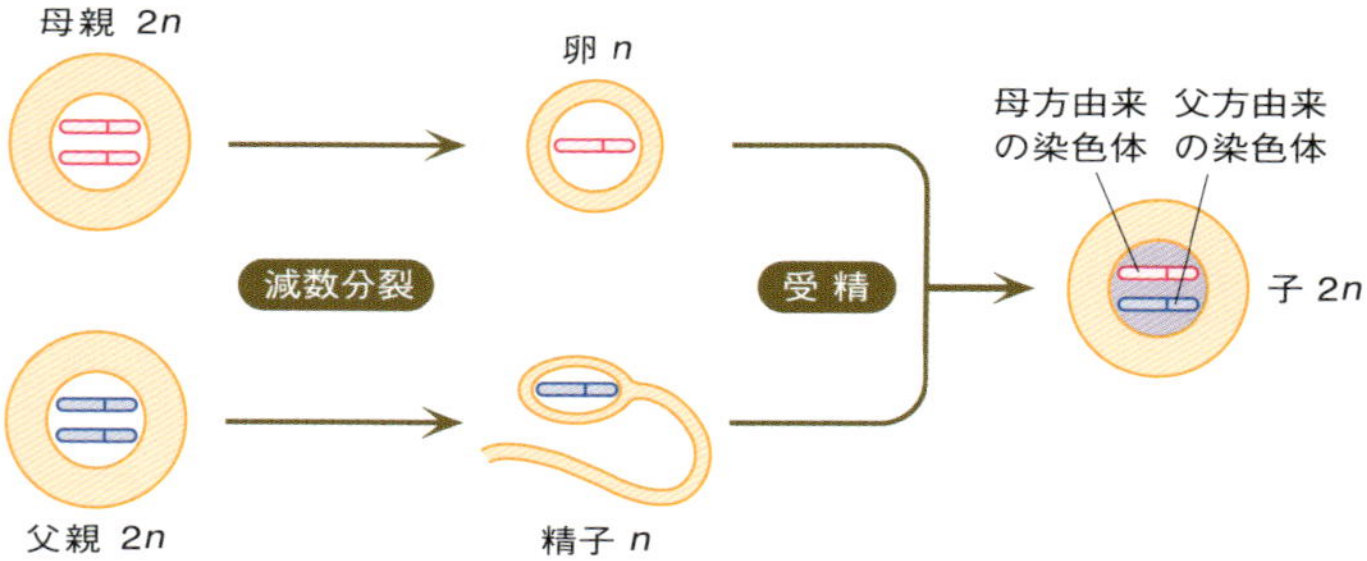

減数分裂により染色体数を半減させることで（$2n \rightarrow n$），母親由来の卵，父親由来の精子がつくられる．これらが出会い受精が成立すると両親から半分ずつ遺伝子を受継いだ子（$2n$）ができる．わかりやすくするために 1 組の相同染色体のみを示した〔“ケイン基礎生物学”，東京化学同人（2012）を参考に作成〕

と、生物が有性生殖を獲得して、「他個体」の存在なしに生きられなくなったときから、個体と個体の「出会い」が必要不可欠となり、個体間のつながりは生まれたと考えられます。

有性生殖で鍵になるのは、遺伝子です。新たに生み出される個体は、父と母から半分ずつ遺伝子を受継ぐことになります（前ページ図）。一個体が保有する遺伝子は二コピーとして個体のなかに存在し、その片方を子に受渡すことになります。父からの精子、母からの卵にはそれぞれの遺伝子が乗った染色体が含まれており、接合によって、この二つの染色体が融合します。つまり、雄と雌の個体の出会いは、遺伝子の出会いのためなのです。

テストステロンは男らしさや
たくましさをつくり出す分子
子育て中の男性では減少する
父性愛をもたらす脳には必要
ないから

5

動物の世界では、父親が育児に参加することもあります。鳥類では多くの種で、哺乳類でもプレーリーハタネズミやマウス、そしてヒトなどのいくつかの種で父親の養育参加が観察されます。雄が父親となり、わが子を愛でる、それはテストステロン値の変化によることがわかりました。テストステロンは男性ホルモンの一種で（右図）、精巣から分泌されて筋肉や体毛を増やす効果をもつ、いわば男性らしさを生み出すホルモンです。マウスなどの動物では、テストステロンを産生する精巣を除去すると、積極的に養育に参加するようになりました。逆にテストステロンを投与すると、父親になるどころか、子供に対して攻撃を開始しました。ヒトでも、養育にかかわるお父さんではテストステロン値が低くなることがわかりました。さらに、精巣の容積が小さいほど積極的に父親業に携わり、子供にかかわる際の脳内の「楽しみ」を生み出す部分の活動が高くなりました（次ページ図）。

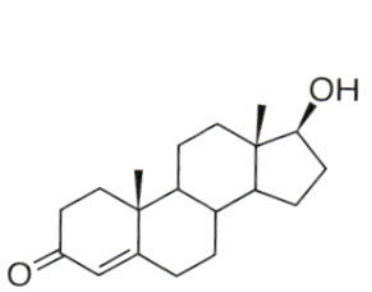

テストステロンの
分子構造（詳しく
は p.69 参照）

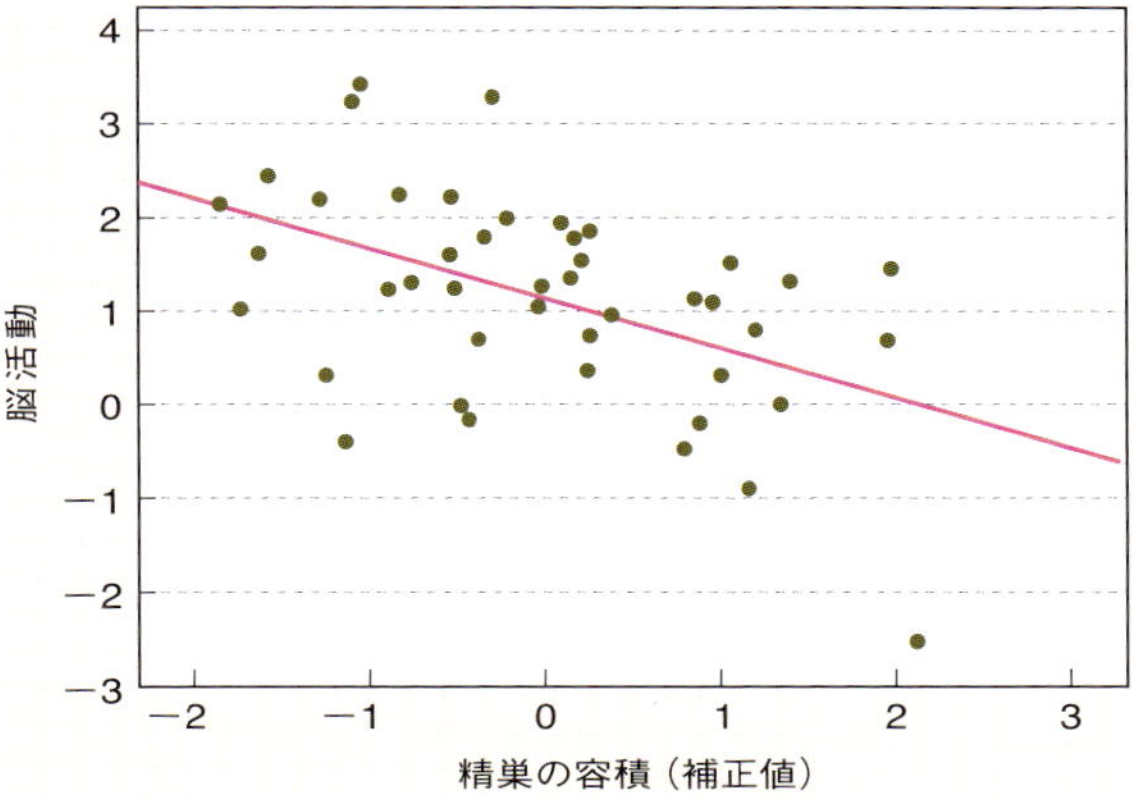

「養育の楽しみ」を生み出す部分の脳活動と精巣容積の関連

これらのことから、テストステロン値が高い状態では、男らしさやたくましさを表に出して交配相手を積極的に見つけるモードがつくられ、いざ父親になると、テストステロン値を下げることで、やさしい体型と子育てに必要となる父性愛をもたらすことができる、と考えられます。テストステロンが男性の活動モードのスイッチを切替えるのです。

わが子を抱く母親
その幸福感は「ハマる」脳部位が活性化されることで生まれる

6

母親がわが子を見たときに起こる、脳内の変化はどのようなものでしょうか。ヒトを対象とした研究で、fMRI(注)という脳活動を可視化できる装置を用いた研究がなされてきました。

母親が自分の子供の写真をみると、線条体という脳領域(下図)が活発に働いていることがわかりました。この脳領域は、ドーパミン(次ページ図)が作用して、やる気や快楽といった報酬効果をもたらす部位として知られています。実は、線条体は、ドーパ

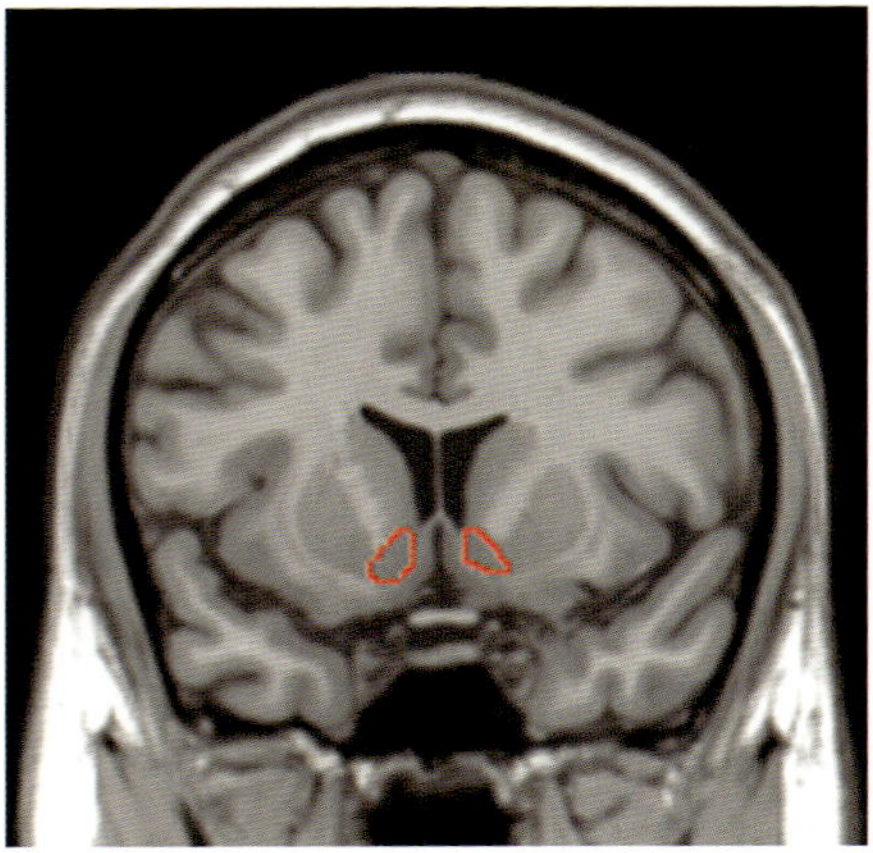

ヒトの脳の断面図．赤線で囲んだ部分が線条体．運動機能と密接な関係があるとされるが，意思決定にもかかわることがわかってきた

（注）fMRI（機能的核磁気共鳴画像法、functional magnetic resonance imaging）MRI装置を利用して、脳内の神経活動に伴う局所的な血流変化を計測する手法。

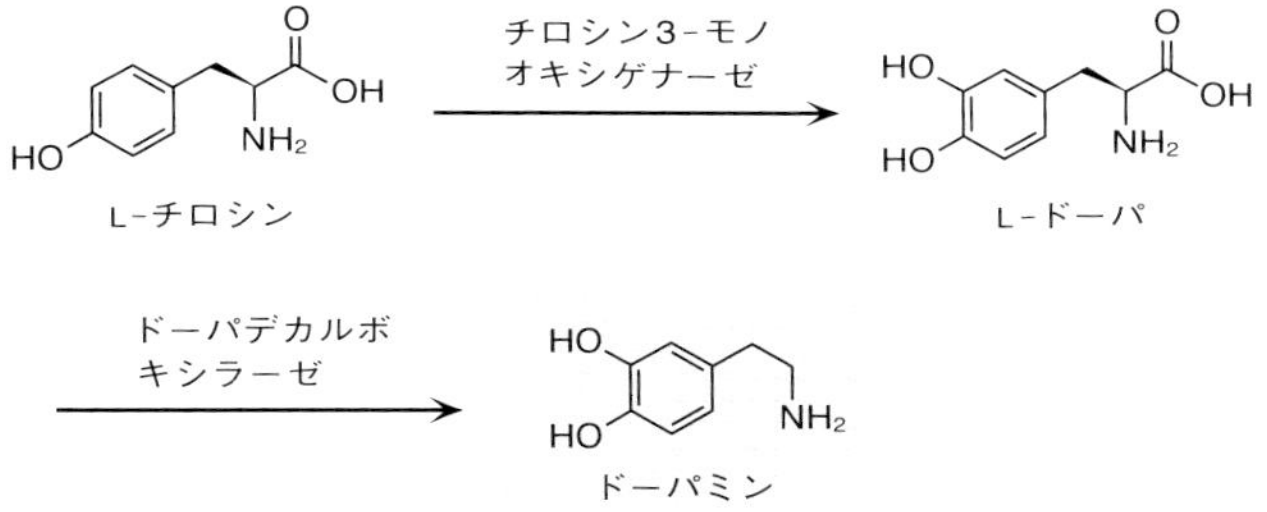

ドーパミンは神経伝達物質の一つで，アミノ酸であるチロシンから生合成され，神経細胞の興奮で一斉に放出される

ミンのような体内でつくられる物質だけでなく覚醒剤やコカインなどのいわゆるドラッグが作用する、何かに「ハマる」脳部位でもあります。

母が子を愛おしく思う気持ち。それは「ハマる」脳部位である線条体にドーパミンとオキシトシンという化学物質が作用することで生まれ、子どもと一緒にいることが幸せであり、離れたくないと思う気持ちが生まれることがわかってきました。

ヒトとイヌ　見つめ合う
視線のつながりは心もつなぐ

7

イヌにとって飼い主は特別で、慕い、そのまれなる忠誠心をもって、飼い主との特別な関係を築きます。世界にはさまざまな動物が存在しますが、イヌほどヒトに近く、親和的に、そしてあうんの呼吸でともに生活できる動物はほかにはいません。それを支える認知機能がわかってきました。イヌはオオカミと比べ、ヒトからの視線や指さしによるシグナルを読み取る能力が長けていること、そしてその能力が進化の過程で獲得されたことがわかりました（次ページ図）。興味深いことに、このようなヒトとのやり取りの能力は、イヌよりもヒトに近いチンパンジーには備わっていません。イヌはヒトと生活をともにすることで、この能力を獲得したと考えられます。

それだけではありません。イヌはヒトと視線を介して理解し合えるだけでなく、絆の形成も可能としたのです。イヌが飼い主と見つめ合うことで、互いにオキシトシン（注）というホルモンが分泌されることがわかりました。オキシトシンは母乳をつくり、分娩を助け、とお母さんのために必要なホルモンです。そのホルモンは脳の中でも働いて、母性を高める作用をもちます。最近の心理学研究では、オキシトシン

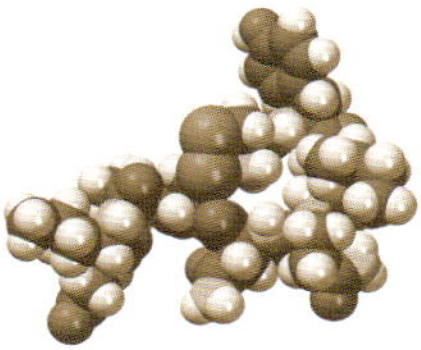

（注）オキシトシン。哺乳類などがもつ脳下垂体後葉ホルモンの一つ。九個のアミノ酸からなるペプチドホルモン。

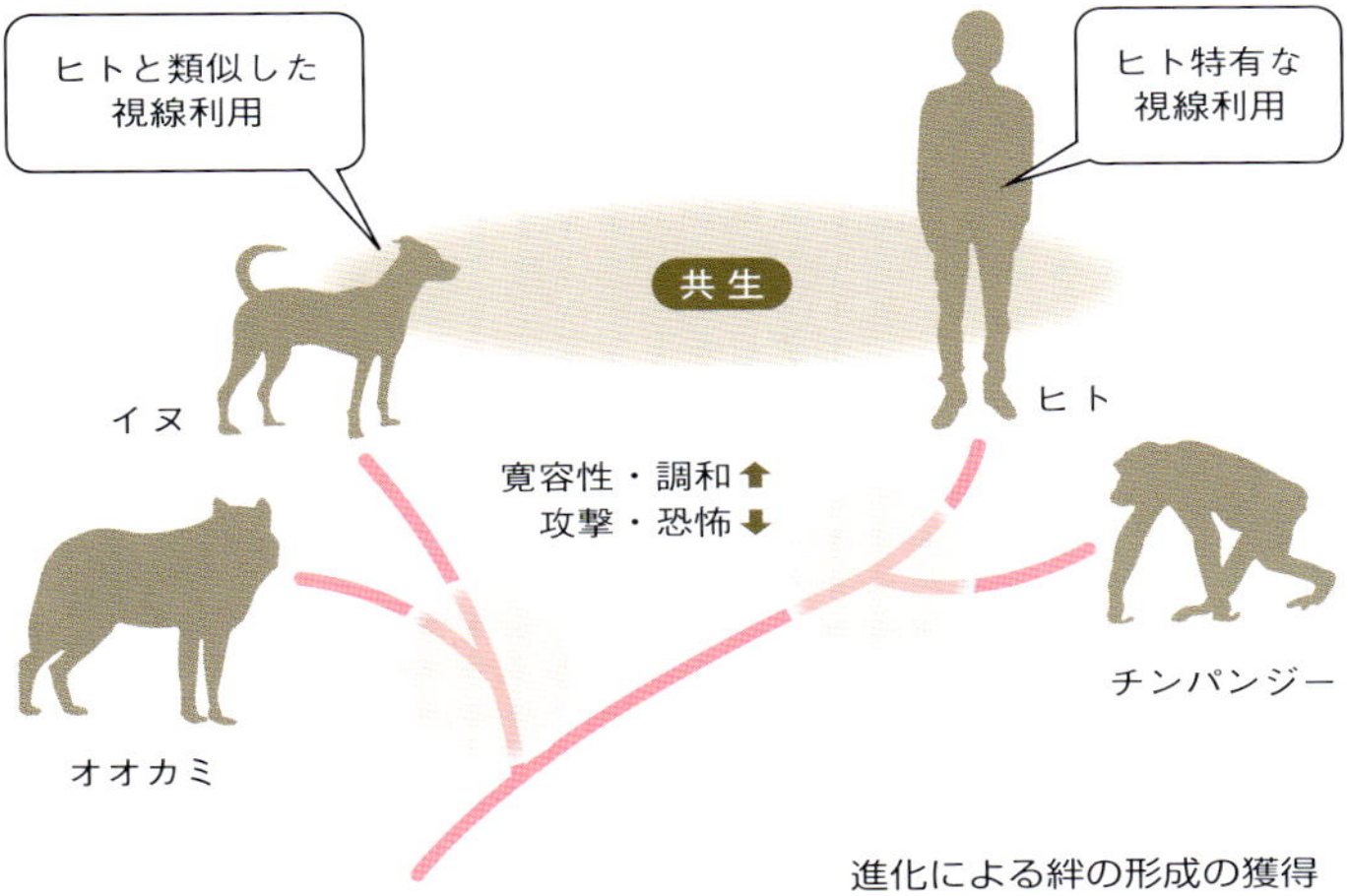

進化による絆の形成の獲得

が絆を形成し、相手を助ける、信頼関係を結び、などの高い社会関係性を支えることがわかってきました。イヌとの触れ合いや視線によるコミュニケーションが飼い主のオキシトシン分泌量を上昇させることから、オキシトシンという分子で飼い主とイヌがつながったといえます。それは、イヌがヒトとともに歩いてきた三万年以上も続く、ヒトとイヌの共進化の賜物といえるでしょう。

性を決める性染色体
その役割は雄に男性ホルモン
雌に女性ホルモンをつくらせるきっかけをもたらすこと
その先はそれぞれのホルモンが雄らしさ雌らしさを形づくってゆく

8

「性」を獲得した生物。そのうち、「性」に二型、すなわち雌と雄が誕生します。哺乳類や鳥類では、雄と雌が性染色体の種類により遺伝的に決定されますが、一部の魚類や爬虫類では、環境によって性が決まります。不思議なことに、このような性決定の様式を動物の種ごとに見渡しても、一貫性がありません。たとえば有鱗類のヘビはすべての種で遺伝的に性が決まりますが、同じ有鱗類のトカゲではその三分の一程度の種が、温度などの環境によって性を決めています。有鱗類から遠く離れている魚類では、トカゲと同じような性の決定様式をもちます。性の決定の様式がこれだけ多様性に富む理由はいまだに明らかにされていません。

一方、性が決定された後の雄と雌の違いはいずれの生物でもほぼ同じになります。実は雌雄の差を決定するものは性ホルモンです（次ページ図）。つまり、性染色体の役割は雄に男性ホルモン、雌に女性ホルモンをつくらせるきっかけをもたらすことであり、その先は性ホルモンがさまざまな器官に作用し、雄らしさや雌らしさを形づくっていきます。遺伝子によらない性の形成と確立、それは性ホルモンによってなされることから、そもそも雄と雌は、デジタル的な二つに分けられるものではなく、雄と雌の間に、性ホルモンの濃度に依存した雄らしい雌、雌らしい雄なども生まれてきます。性のゆらぎ、これはおそらく多様な性のかたちが進化的に有利だった証拠と考えられます。

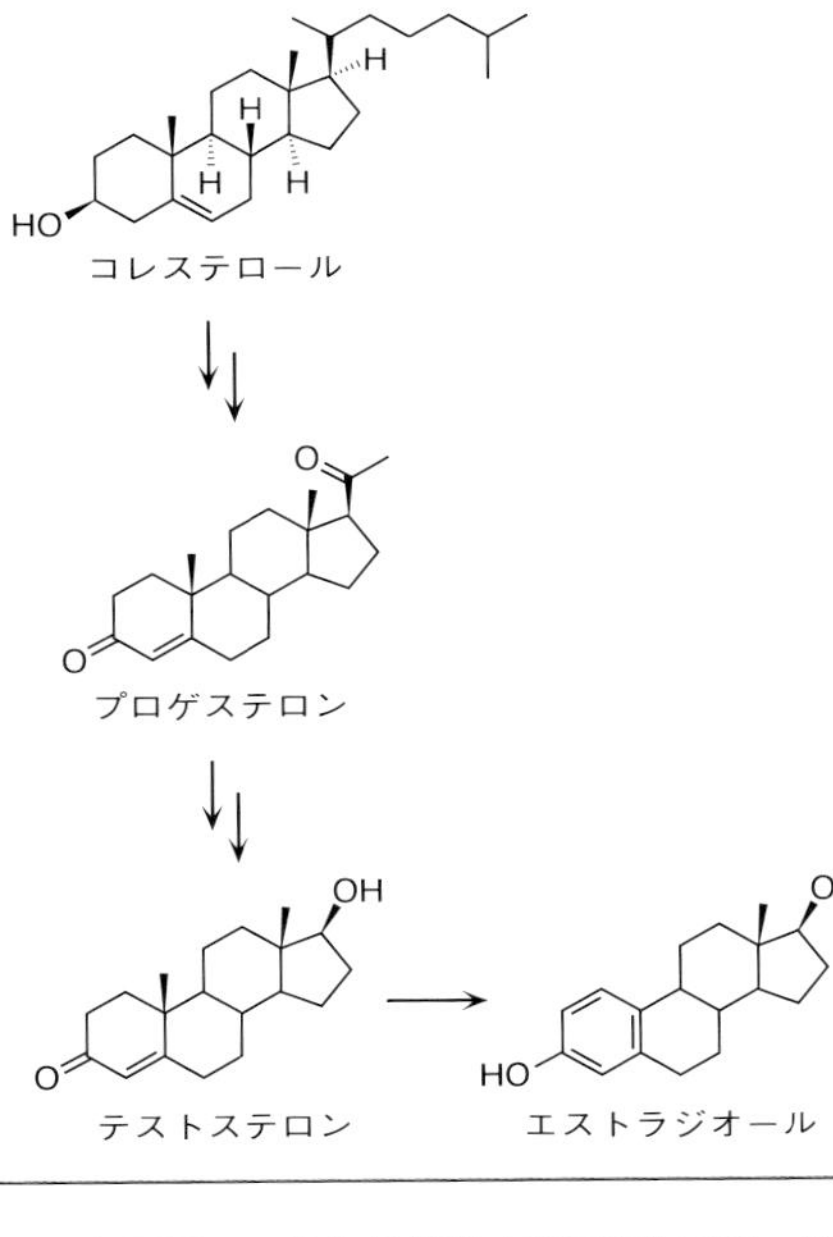

コレステロールから代謝されて産生する一連のホルモンのうち，おもに精巣や卵巣から分泌され，生殖に重要な役割を果たすものを性ホルモンという．プロゲステロン，エストラジオールは女性ホルモン，テストステロンは男性ホルモン．コレステロールと同様のステロイド環内部の水素の立体構造は省略

理由はわからないけれど
何となく惹かれる
血縁関係を知るためのにおい
を生み出す分子の仕業かもし
れない

9

自己複製とは異なる戦略をとって生き延びてきた、有性生殖をする生き物たち。有性生殖が生まれた最大の理由は、自己の遺伝子と他の遺伝子を混ぜ、遺伝的な多様性を高めることにあります。遺伝的な多様性を獲得するために、植物は種子を遠くに飛ばし、動物は性成熟を迎えるころ、家族や群れから離れて、新しい集団へと移っていきます。これらもすべて自分とは異なった相手と結ばれるため。では、言葉を話せない動物が遺伝的な血縁関係を知る判断基準はあるのでしょうか。ＭＨＣ（注）という遺伝子が異なる二種類のマウスを同じケージで飼っていたところ、あるＭＨＣ遺伝子をもつマウスは、自分とは異なるタイプのＭＨＣをもつマウスと交配し、子育てをしました。そしてこのＭＨＣの違いが個体ごとのにおいとして現れているという研究結果があります。つまり、マウスはにおいで遺伝的な違いを感知し、交配相手を選んでいるのです。

ＭＨＣとはそもそも免疫系において重要な分子です（次ページ図）。動物の体には、細菌やウイルスなど外部から侵入する異物や、体内で生まれたがん細胞などを排除して体を守ろうとする機能が備わっています。このとき、守る対象（自己）と排除する対象（非自己）を識別す

（注）主要組織適合遺伝子複合体（MHC, major histocompatibility complex）

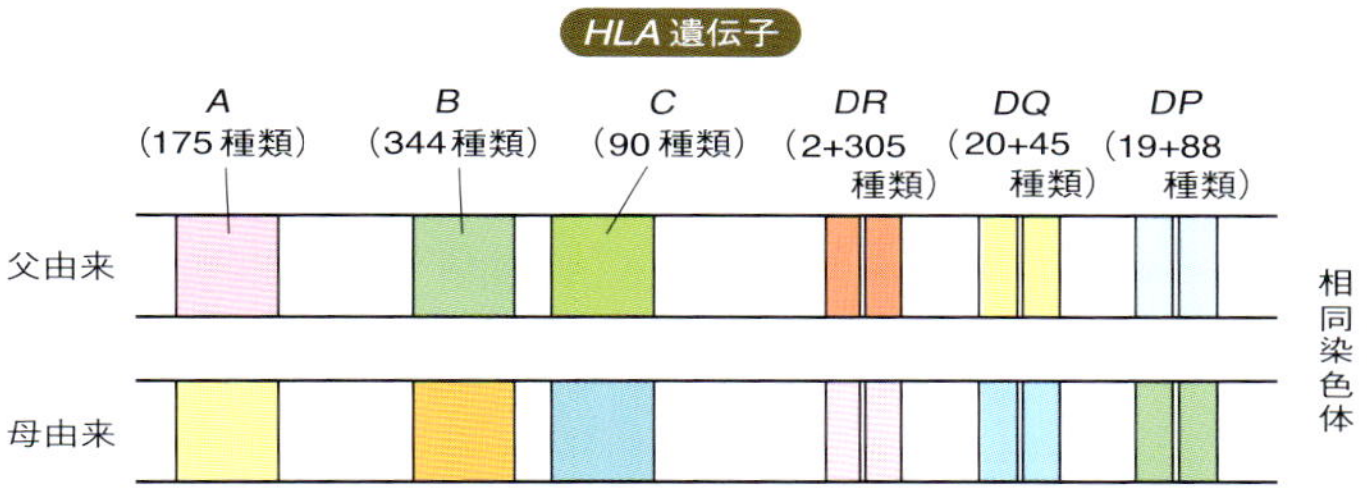

ヒトのMHCはHLAとよばれる．六つの遺伝子（*A*,*B*,*C*, *DR*, *DQ*, *DP*）を両親から受継ぐが（計12種類），そのそれぞれには多数の対立遺伝子が存在し，血縁関係のない個体間で*HLA*遺伝子の組合わせが一致する確率はきわめて低い．そのため血縁度の指標となる〔"免疫学辞典（第2版）"，東京化学同人（2001）を参考に作成〕

るために働くのがＭＨＣ分子です。さらにＭＨＣは血縁距離の遺伝的指標になります。たとえば臓器移植の際に、より適したドナーは、ＭＨＣが同じタイプになります。

マウスに限らず、鳥類や爬虫類、魚類においてもＭＨＣ遺伝子の組合わせの違いが交配相手の選択にかかわっていることが報告されました。ＭＨＣという血縁距離を示す遺伝子は、個体のにおい成分を変化させて、誰が適切な交配相手であるのかを伝える、愛の分子としての役割も担っていることになります。

真夜中の物陰でそっとささやかれる恋歌
雄マウスは雌に向けてヒトの耳には聞こえないほどの高い音で歌を奏でる
それは雌にとって父とは異なる雄と結ばれるための手掛かり

10

春先になると鳴禽類たちの美しい歌が、山川の新緑に彩りを与えます。この歌声の主、ジュウシマツやキンカチョウの雄は、雌に向かって歌を歌って求愛します。歌う鳥たちの雄は歌を聞いて学習し、それを手本に練習するため、歌に個性が生まれます。雌は歌声を手掛かりに相手の素質を見極めているようで、この歌が複雑であるほど雌に好まれます。

屋根裏や茅葺《かやぶ》きのなかで冬を過ごしたハツカネズミ（マウス）たちも、春は恋愛の季節。雄マウスも雌に出会うと、ヒトには聞こえない高い周波数の超音波で、鳥のさえずりのような歌を歌っていることがわかりました（次ページ図）。ヒトにはまったく聞こえないので、人知れずの恋、とでもいうのでしょうか。雌マウスにいくつかの歌を聞かせ、その好き嫌いを調べると、自分とは遺伝的に異なる系統の雄が歌った音声を好みました。遺伝子レベルで自分と似ていない異性に惹きつけられることは、子どもの死亡率や奇形の発生率を増加させる近親交配の回避に役立ちます。また雄と雌が異なる遺伝的な背景をもつことで、子孫の多様性も高くなり、生き残る確率も上昇させることができます。

（注）自然界に存在する音は不規則な波形を示すが、実はさまざまな周波数成分が組合わさって構成されている。この音信号から周波数成分を分離し、視覚化したものをソノグラムという。ヒトや動物の発声研究において有用な手法で、ソノグラムによって動物の行動学研究が飛躍的に進んだ。

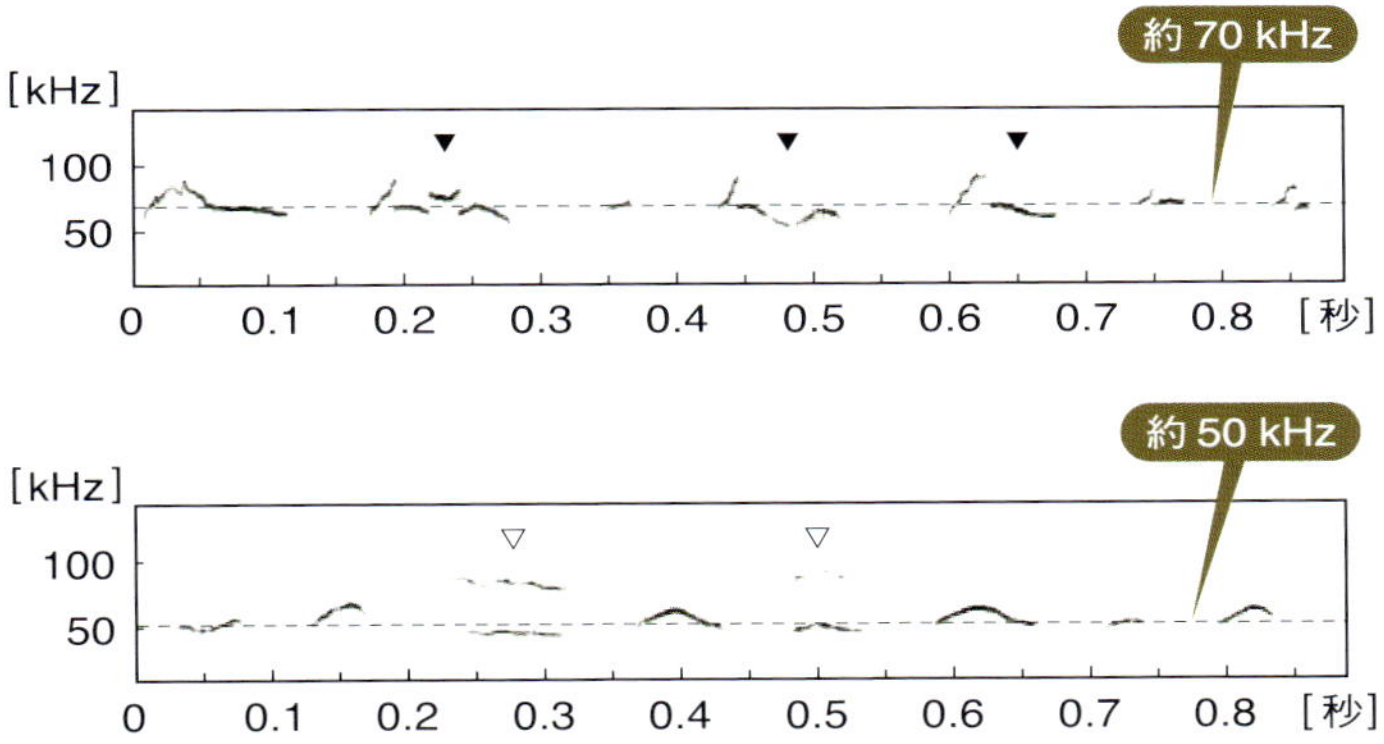

上と下のソノグラム（注）は異なる遺伝的背景をもつマウスの歌を測定したもの．楽譜のように，横軸が時間軸，縦軸が音の高さを示す．歌の構成要素と周波数に違いがみられる．上ではピョンピョン跳ねているような波形（▼印）なのに対し，下は低めの声かつフラットな波形で，一人でハモっているような部分（▽印）もある

では、雌マウスはどのように自分に適した歌を歌う雄を選んでいるのでしょうか。それには父親がかかわるようです。マウスは両親で育児をするので、父親もせっせと子供のお世話をします。このときに娘マウスは、父親が歌う歌を覚えます。娘マウスは成長したあと、小さいころに聞いた父親の歌を避け、新しい雄との出会いを求めるようになります。

恋を実らせる夜
雌のいる部屋のドアには
二つの鍵穴がついている
これらの鍵を開けるには…

11

動物の雄と雌はいつでも誰とでも結ばれるわけではありません。適切な相手と適切なタイミングを図って交配します。適切なタイミングを伝え、それを受止めるため、雄と雌は性のシグナルを生み出してきました。性シグナルは動物種によって異なり、進化的に分離してきたことがうかがえます。これは異なる動物どうしの交雑を避けるための手段であって、このように種間で交雑しなくなる進化的仕組みを生殖隔離といいます。動物の世界での普遍的な性シグナルの伝達は、化学シグナルが担います。空中を飛行する昆虫はもちろん、哺乳類の多くが異性との出会いの際に化学シグナルを用い、そして結ばれることになります。

その化学シグナルの一つがフェロモンです。異性からの性フェロモンを受取った個体では、特異的な行動やホルモンの分泌が生じます。マウスなどの小型の齧歯類《げっしるい》では、フェロモンの情報は二つの器官で受容されます。一つは空中を漂うにおいをキャッチする嗅上皮、もう一つは地面に付着したようなにおいを受容する鋤鼻器です。嗅上皮を欠損した雄マウスは雌に興味を抱かなくなり、交尾行動も示さなくなります。また、鋤鼻器の機能を欠いた雄マウスは、交尾は行おうとするものの、異性の識別がうまくできずに、雄にも雌にも交尾を試みようとします。鋤鼻器を失った雌マウスに至っては、交尾を試みてきた雄を受入れるどころか、自分が雄に交尾するという混乱ぶりです。このように、性フェロモンとは、限られた機会に最適な交尾相手を選択し、適切な行動をひき起こし、交尾を成功に導くのに重要な分子なのです。

　雌マウスが雄に伝えるおもな性フェロモンは二つあります。一つは雌のタイミング、つまり雌の発情を伝えるフェロモン、もう一つは異性、つまり雌であることを伝えるフェロモンです(注)。雄はこの二つのフェロモンを異なる受容体を介して受取り、自分が出会った相手が雌で、そして今、交尾を受入れてくれる状態であることを知ると、雌に積極的にアプローチして、交尾を試みるようになります。わかりやすく例えると、雄マウスの交尾行動をひき起こす神経回路の途中には二つの鍵穴があるドアがあって、二つの性フェロモンによってそれぞれが同時に解錠されると交尾スイッチが入るのです。もちろん、試みても拒絶されることも多々あるのですが。

(注) 雌が発情中であることを示すフェロモン（左図のエストロゲン誘導体）が雌マウスの尿から単離された。また、発情と関係なく放出され、同種の雌であることを知らせるフェロモンも尿中に含まれることがわかっているが、化合物の構造決定には至っていない。

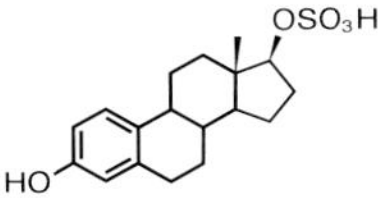

硫酸化エストロゲン

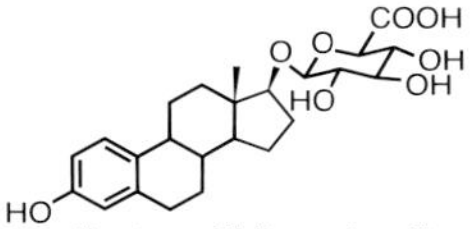

グルクロン酸化エストロゲン

魅力的な雄ウズラの鳴き声
草むらから現れた雌の姿を一目するだけで
雄はその魅力を見抜く
雌は耳で恋をし　雄は目で恋に落ちる

12

気になる異性の存在は、視覚や聴覚、嗅覚などのさまざまな感覚からの情報が手掛かりとなり、脳に送られて、性にかかわる行動をひき起こします。とびきり魅力的な異性からの情報を受けると、交尾へとつなげる脳の回路が活性化して、互いにアプローチが盛んになります。

それはヒトに限らず、ウズラだって同じです。恋の季節を迎えた繁殖期のウズラは、自分の背丈よりも高い草が生える草むらで過ごしています。雄は、大きな声でよく鳴き、雌にアピールします。雄の鳴き声に惹きつけられた雌が、雄の目の前にひょっこり現れると、雄は瞬時に鳴き止んで雌に近づき、交尾を試みます。このとき、雄は目の前に現れた雌の頭部と首を見て、その見た目の美しさに見惚《みほ》れ、交尾行動を開始します。まさに、“A man falls in love through his eyes, a woman through her ears.”（男は目で恋をし、女は耳で恋に落ちる）。英国のジャーナリスト、Woodrow Wyatt 氏が男女の恋愛の違いを示した言葉のとおりです。

「雌を見た瞬間に反応し、雄は交尾を試みる」このとき、雄の脳では何が起こっているのでしょうか。雄が雌の姿に見惚れると、脳の奥にある神

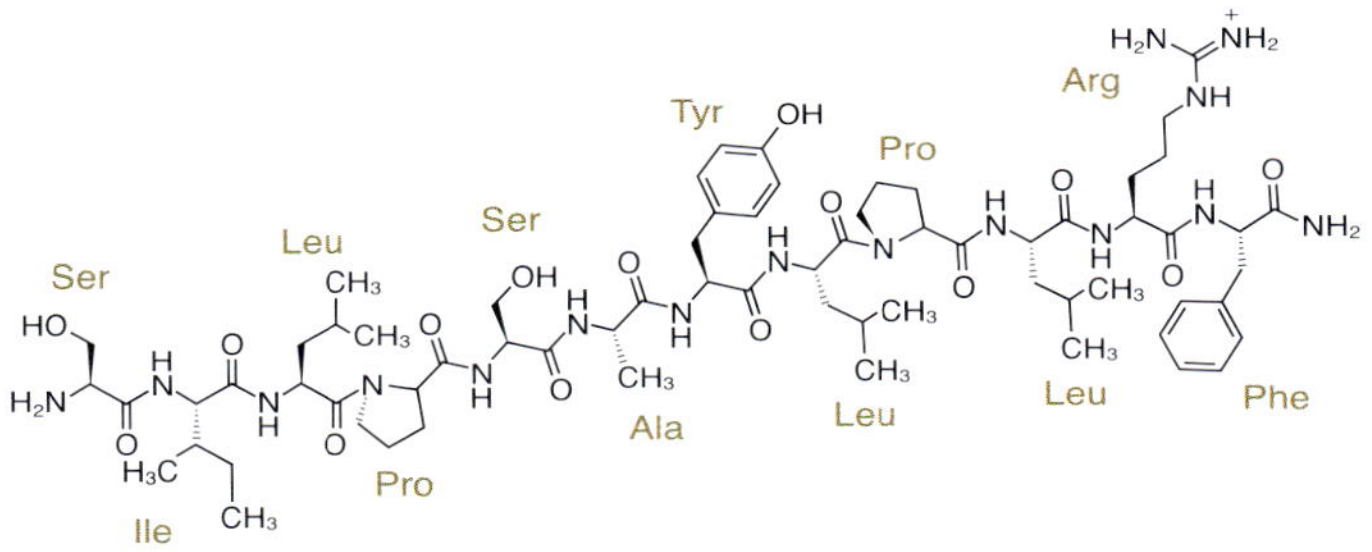

GnIH の分子構造．脳の視床下部から放出されるペプチドホルモン

経細胞がオンになることがわかりました。この神経細胞は雄の生殖腺を抑制するホルモンをつくっていました。そのホルモンの名前は性腺刺激ホルモン抑制ホルモン（ＧｎＩＨ）。ＧｎＩＨが分泌されると、男性ホルモンとよばれるテストステロンの分泌が下がっていきます。多くの動物では、雌からの性にかかわるシグナルによってテストステロン値が上昇するといわれています。ウズラではなぜ下がるのか、これからの研究のテーマです。

優しく見守ってくれていた彼
いつか結ばれる
雌のメダカも　長くそばに寄り添ってくれた雄をパートナーに選ぶ

13

誰を交尾相手に選ぶのか、という異性への嗜好性は、遺伝的に刻まれたものから、互いのやり取りの経験を経ることで変化するものなど、複雑かつ洗練されたメカニズムによって生まれています。動物でも、記憶や経験によって「異性の好み」が変化することがあります。最も有名な例として、「性的刷込み」が知られています。性的刷込みとは、生後間もない時期に、親や近くの大人とのかかわりを経験することで、将来の性的なパートナーとなる異性の嗜好性が決まることです。性的刷込みは一〇〇種以上の鳥類をはじめ、魚類や哺乳類においても観察されます。ヒトの場合、幼少期をともに過ごした相手に対しては、性的な興味が低くなるという仮説があり（逆性的刷込み、ウェスターマーク効果）、これは近親交配を避ける生得的な仕組みであると考えられています。

野生のメダカは、春になると恋の季節です。水温が一八度を超えると雌は盛んに産卵し、雄は周囲で求愛ダンスを披露します。雌は好みの雄の求愛ダンスを受入れて、その相手との間で放卵と放精が起こり、受精卵を水草に付着させます。

雌はどのような雄を好むのでしょうか。雄と雌をつがいにする前の晩からガラス越しに「お見合い」をさせておくと、雌のメダカが「お見合いしていた相手」と「新しく来た雄」を識別して、一晩そばにいてくれた雄の求愛ダンスを受入れることがわかりました。実は雌メダカは、以前からよく見かけていた雄を記憶し、視覚的に識別することで、恋のパートナーとして選択していたのです。では恋に落ちた雌の脳では何が起こっているのでしょうか。生殖をつかさどる脳の部位には、排卵を制御する性腺刺激ホルモン放出ホルモン（ＧｎＲＨ）とよばれるホルモンをつくる神経細胞があります。その一つのＧｎＲＨ３神経細胞は比較的に大きな神経細胞で、脳のさまざまな場所に情報を伝達する細胞です。ＧｎＲＨ３神経細胞は一定のリズムで自発的に活動する性質をもっていますが、雄とお見合いすると、雌のＧｎＲＨ３神経細胞の活動リズムが活発になりました。雌が「お見合い相手」として、そばに寄り添っている雄を視覚的に認知することでＧｎＲＨ３神経細胞が活性化し、その雄からの求愛をすぐに受入れるようになります。つまりＧｎＲＨ３は見知らぬ個体から、好きな相手に変える雌メダカの恋愛スイッチなのです。

草木の運命を握る昆虫
愛を乗せた花粉を　遠く離れ
見ることもないパートナーへ
伝える恋のメッセンジャー

14

自由に動きまわって適切な交配相手を探す動物に対し、草木は根を張った場所から動くことができません。草木は遠い地で花咲く相手と、離れて暮らしながら恋をしなければならない、捕らわれの生き物です。雌雄で異なる草木の場合はもちろん、多くの草木の花のめしべは、ほかの個体のおしべから花粉を受取ることで、新しい命をつなぐことになります。

多くの植物は「動物」を、パートナーへと花粉を運ぶためのメッセンジャーとして利用してきました。動物による花粉の運搬は、約三〇万種ともいわれる陸上被子植物の、実に九割近くが採用しています。花粉を運ぶ動物の多くは昆虫類になりますが、少なくとも二〇万種がメッセンジャーとして働いています。この昆虫がいなければ、草木は新しい生命をつなぐことはできません。

草木は遠くに待ちわびて花を咲かせる相手に「愛」を伝える前に、メッセンジャーにも気に入ってもらわなければなりません。ラン科やサトイモ科の一部の花は、花に蜜を求めてやってくる昆虫の性フェロモンのにおいを真似することで、昆虫をだまして花粉を運ばせます。

昆虫たちに気に入ってもらうために、鮮やかな花びらも生み出しました。静かに咲く小さな花や、花にとまる虫たちを見かけたら、少し立ち止まってみて、花びらを観察したり、ほのかな香りを感じたりしてみてください。それは長い年月をかけて、恋のメッセンジャーである昆虫とのやり取りによって生まれた、奇跡の賜物ともいえる超絶技巧を凝らした香りや花びらなのです。

カタツムリのカップルが放ち合う恋矢《ラブダーツ》
しかし　その矢は相手を傷めつけるための純然たる武器だった

15

動物の雄が雌と仲良く連れ添う行動は、一見、愛情の発露のようにみえます。しかし、実は当の雌にとっては迷惑行為でしかないこともあります。雄のなかには、自分の精子の受精を確実にするために、雌がほかの雄と交尾しないよう見張るものがいます。雄が雌に一方的に交尾を試みたり、追い回したりする行動は、雌の適切な産卵行動を妨害することになり、セクシャルハラスメントとよばれます。

カタツムリは一個体が同時に雄でも雌でもある雌雄同体の珍しい生き物ですが、この不思議な動物にも性的な対立があります。「雄」として相手に精子を送りつつ、同時に「雌」として相手からの精子を受取っているので、本来なら優秀な遺伝子をもつ雄のみをえり好みしたい雌としての「優秀な遺伝子戦略」が限られてしまいます。

カタツムリの一部は、それを回避する仕組みを身につけました。カタツムリの歌、「ツノ出せヤリ出せ目玉出せ」のなかで、ツノと目玉は、頭部に生えている小触角と大触角をそれぞれさしています。では、ヤリとは何でしょうか。マイマイ属やオオベソマイマイ属のカタツムリでは、交尾の際に互いに相手の体を矢のようなものでつつき合います。これがヤリの正体で、恋する相手に放つ矢なので、「恋矢《ラブダーツ》」とよばれています。

　恋矢は何をしているのでしょう。実は、相手を傷めつけるための純然たる武器だったのです。交尾中のカタツムリは、雄としては誰かれ構わず相手に精子を渡し受精させたいのですが、雌としては優秀なパートナーを選びたい、という互いに相容れない要求をぶつけ合うことになります。そこでまず雌の知恵として、受取った精子をひとまずためておき、大半を受精には使わず消化するという機能が進化しました。一方で、精子の消化という雌の戦略に対抗して進化した雄の対抗装置が、恋矢になります。恋矢は、相手を深く傷つけ、そこから特別な粘液を注入するために使われます。注入された粘液には、炭酸カルシウムが含まれていて、雌による精子の消化を阻害し、効率よく受精に至らせることができます。とはいえ、刺された側は物理的に無傷では済みません。ときに寿命までも縮めてしまいます。自分の精子を使って卵を産ませた後なら、相手が早死にしても構わない、カタツムリの恋矢はそんな危険な武器なのです。

ショウジョウバエの恋の駆け引き
雄は恋の相手を見つけると後ろから近づいて触り　求愛歌を奏でて　熱愛のアプローチ
それでも成就するかは雌しだい

16

「一寸の虫にも五分の魂」とことわざにいうところをみると、たった五分ではあっても虫にも心がありそうです。虫に「あなたはどう思っているの？」と尋ねても答えてはくれませんが、それを態度で示してもらえれば、彼らの想いが推察できそうです。そこで、昆虫は愛をもっていますか？という問には、まずはその昆虫の求愛行動を観察することになります。

美しい羽をもち、優雅に舞うチョウに比べれば、地味ではあるもののハエも立派な求愛行動を示します。雄は恋の相手を見つけると、後ろから追いかけながら、前脚で相手の体表を触り、雌フェロモン（7,11-HD）を受取ります。これが引き金となり、雄は片方の羽を広げ震わせ、求愛歌を奏で始めます。雄どうしの求愛を防ぐための雌フェロモン（7-T）もあります。さて、雌は雄に出会ったときは逃げまわりますが、雄の熱心な求愛歌を聞くとうっとりしたかのようにゆっくりと歩きます。これは雌が雄を受入れつつあるサイン。雄は口吻で雌の交尾器を調べ、さらに腹部を内側に曲げて雌との交尾を試みます。雌が受入れてくれれば、めでたく交尾の成立となります。雌があまり

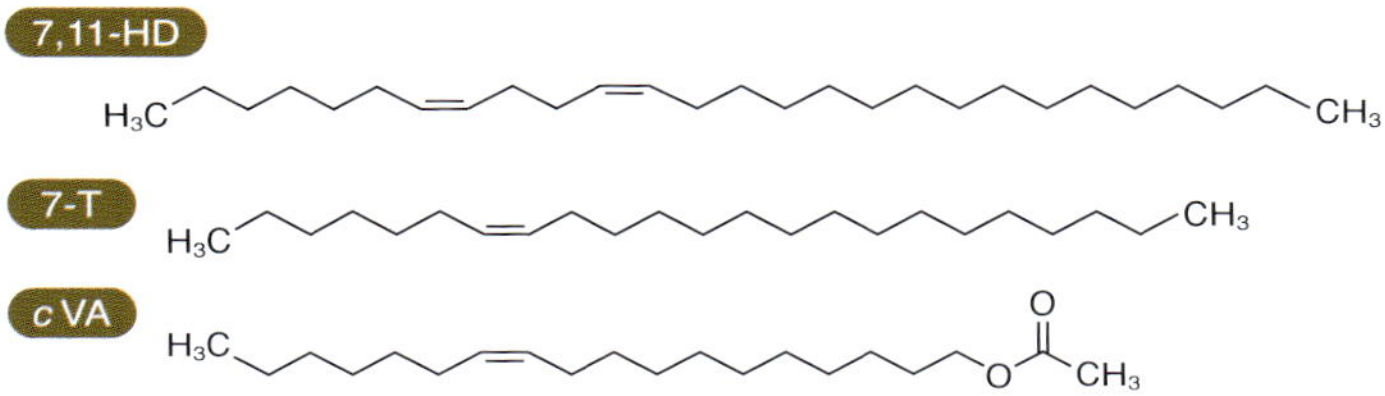

*c*VA（*cis*-バクセニルアセタート）は雄がもつフェロモンで，これを発する雌は交尾済みである印となり，ほかの雄による求愛行動を抑える．一方，7,11-HD〔(*Z*, *Z*)-7,11-ヘプタコサジエン〕は雌特異的なフェロモンで，雄の求愛行動を刺激する催淫性フェロモンとして働く．7-T〔(*Z*)-7-トリコセン)〕はおもに雄にみられ，求愛行動を抑制する（同性に対する求愛行動を防ぐ）

乗り気でなくても、しきりにモーションをかけ続ける雄の行動は、いかにも恋い焦がれる、という言葉がふさわしいもので、彼の必死さが伝わります。ただし、交尾の成立には雌が求愛を受入れるか否かが一番重要になります。雄がどんなに頑張っても、雌が最後に交尾するかを決めます。このあたりはヒトを含めた多くの動物で共通する性の事情かもしれません。交尾の終わった雌は雄からのフェロモン（cVA）を受取り交配が終わったことをほかの雄に伝えます。ヒトの結婚指輪といったところでしょうか。

ホタルの発光周期が一斉にそろい　夜空が彩られる
それは雄が雌を探すために集団となって一斉に飛翔　発光しているから

ホタルが光り舞う風景は、古くから愛でられてきた、自然の最も美しい景色の一つです。ホタル自身にとって光ることの意味、それは雄から雌に向けられた、愛のメッセージなのです。

日本でよく見かけるゲンジボタルは、夏の夜空で柔らかく明滅を繰返し、夜空に彩りを添えます。ゲンジボタルは、雄も雌もが光りますが、ヒトの目で雄の発光パターンの違いを区別することは難しいです。おそらくゲンジボタルにとっても相手の性を発光から見分けることは困難なはずです。そこで雄が雌を探すとき、一斉に飛翔して、最盛期には発光周期が見事にそろい、夜空を明るく照らすようになりました。雄だけが規則正しく発光を同調させることができるので、葉などにとまって不規則に発光する雌が見つけやすくなるのです。

ゲンジボタルは水辺にすむので、遠くまで飛来することができません。このため、雄も雌も惹き寄せることができる発光の同調は、ゲンジボタルの集団化を維持するうえでも役立っています。

日本国内でホタルの方言のようなものが見つかりました。西日本では約二秒、東日本では約四秒間隔で光を放っていたのです（次ページ図）。

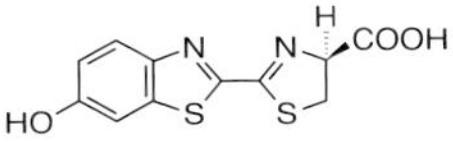

（注）ホタルの発光は生化学的な酸化反応であり、発光基質であるルシフェリン（左図）がルシフェラーゼの触媒作用によりマグネシウムイオンやＡＴＰ（アデノシン三リン酸）、酸素と反応することでほとんど発熱せずに黄緑色の光を放つ。

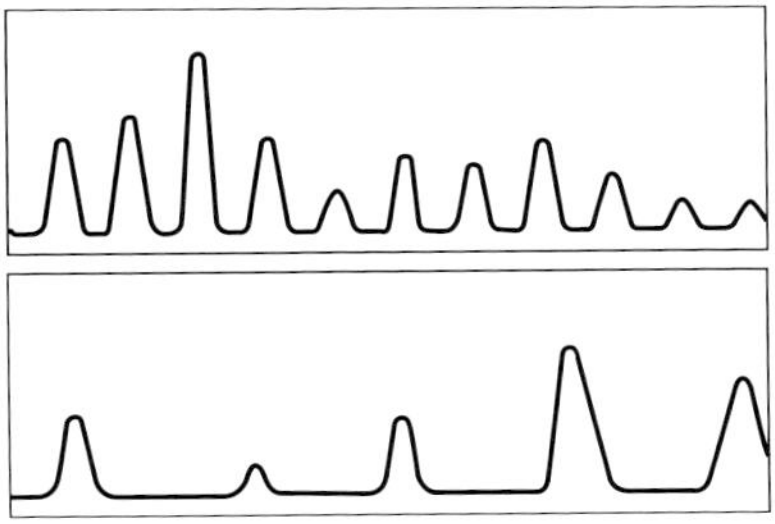

ゲンジボタルの飛翔発光パターン．それぞれ 20 秒間の記録．上が西日本型，下が東日本型

エフボタルでは、同調発光が最も盛んな時間帯を過ぎると、雌が連続した緑色の淡い光を放ちながら飛翔するようになります。雌を見つけた雄はその雌を追飛し、同時に発光の間隔を劇的に短縮させます。このとき、約〇・八秒に一回発光していた雄が、雌に出会うと〇・一秒以下の点滅という速い発光になります。ホタルは分子の化学反応（注）によって発光します。化学反応の変化が織りなす一秒にも満たない光のコミュニケーションは、雄と雌の惹かれあい、そして異なる種のホタルとは交わらないという、子孫を残すために必須な生命現象なのです。ホタルが放つ光は淡く、しかしそこには命の営みがあり、それが同じ命をもつ私たちに感動を与えてくれるものです。

有性と無性を自由に行き来するプラナリア
体じゅうのありとあらゆる器官を無からつくり上げることすらやってのける

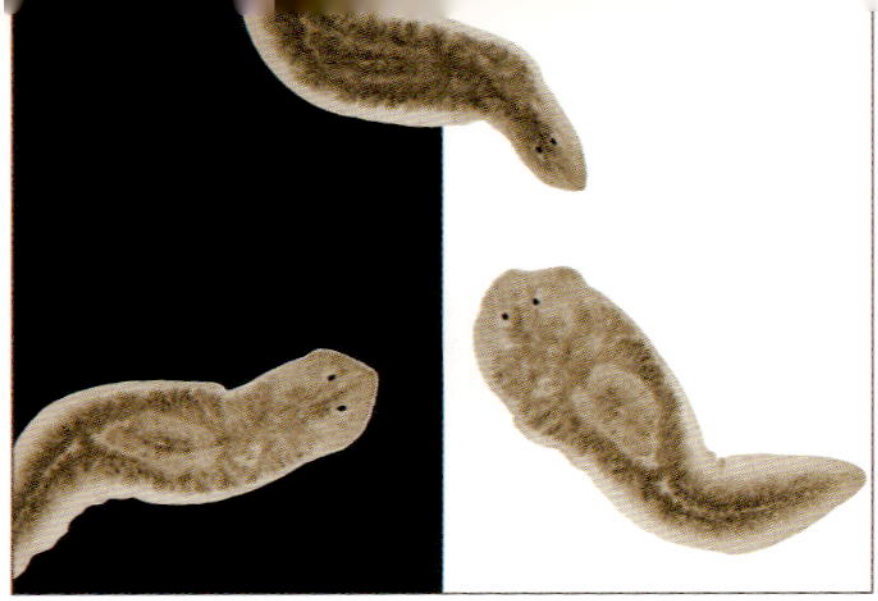

18

多細胞生物のなかにも、有性生殖と無性生殖（56ページ参照）を上手に使い分ける生物がいます。たとえば、プラナリア。プラナリアは無性生殖する際には、生殖器官をもたずに体細胞分裂のみで増えることができます。その秘訣は、いかなる臓器にもなることができる万能性の幹細胞です。これが全身に分布していて、それを始まりとして、失った全身

切断直後

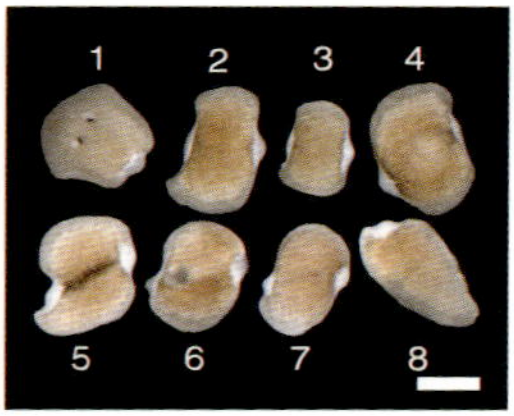

切断三日後

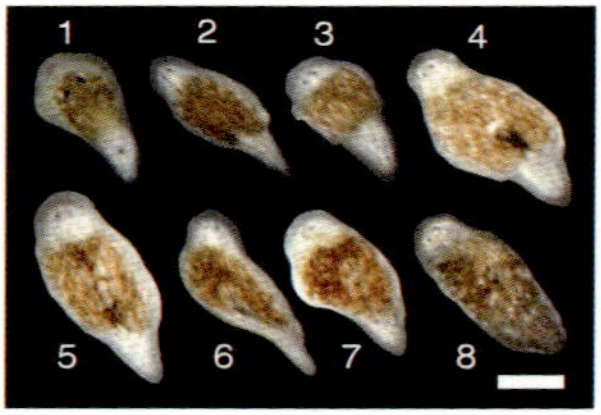

切断八日後

切断一カ月後

プラナリアを切断後の再生過程．１匹を８等分し，頭から尾にかけて各断片に番号を振った．スケールバーは１mm

のあらゆる器官を再生してしまうのです。切っても、切っても再生されるプラナリア。プラナリアを半分に切っても、どちらからも全身が復元されるのは、この幹細胞のおかげです（前ページ写真）。あるタイミングで分裂して個体数を増やすだけでなく、物理的に切断されても、それぞれ別個体として生きていけるということです。

それに対し、有性生殖をするプラナリアは卵巣や精巣などの生殖器官をもち、生殖細胞をつくり、産卵と受精を経て、次世代を生み出していきます。

遺伝的に無性生殖あるいは有性生殖のみを行うプラナリアの種や系統もありますが、一部のプラナリアでは季節や温度などの環境条件の変化によって生殖様式を転換させます。有性生殖を、雄と雌の「愛」とするならば、プラナリアは愛のオンオフのスイッチを上手に使っているといってもよいかもしれません。

雌と雄の出会い
それは遺伝子の出会いと別れ
その仕組みを得たことで
多様性が生まれた

19

生物は太古の昔から生殖を通じて途絶えることなく子孫をつないできました。その三八億年に及ぶ生命の歴史のなかで多様な生物が生まれ、そして絶滅していきました。これまでに一九〇〇万種あまりの生物が発見・分類されていますが、おそらくその何倍もの未知・未分類の生物種が存在し、そしてその多くが消えていったことでしょう。

生物が増えていく過程を広く生殖といいます。生殖とは新しい個体の生産であり、その際に「性」をもつもの、つまり他個体との遺伝子の混合を伴うものと、そうでないものに分けられます。前者を有性生殖、後者を無性生殖といいます。有性生殖には、私たち哺乳類のように卵と精子を受精させ、両親の遺伝情報を混ぜ合わせた子孫をつくる方法があります。一方、無性生殖には体の一部に膨らみが生じ、やがてそれが新たな小さい個体として分離する出芽（酵母菌やヒドラなど）、体が複数に分かれて仲間を増やす分裂（アメーバやゾウリムシなど）などがあります。無性生殖というとカビや単細胞生物を想像しがちですが、多細胞生物でもプラナリアやイソギンチャクなどは分裂をするほか、ミツバチやトカゲなどでは単為生殖といって、受精を必要としない生殖が観察されます。単為生殖では新たな個体が卵から発生しますが、遺伝的には親と子がまったく同じなので、親が分裂してクローンを生み出すのとほぼ同じになります。

生物の進化史を振返ると、小さな体に最小限の遺伝子をもち、圧倒的な増殖スピードをもつ原核生物の世界から、二〇億年前に核（遺伝情報の入れ物）と細胞質の区別がされた真核生物が出現しました。真核生物は核をもつことで大量の遺伝情報を保有することが可能となりました。これが生物に起こった革命的な出来事の一つ目です。二つ目の革命は有性生殖が生まれて遺伝子の混ぜ合わせができるようになったことです。これによって、生物は遺伝的な多様性を獲得し、多彩な生物へと進化しました。有性生殖、つまり「性」の誕生があったからこそ、この地球上に多様な生物が生まれてきた、といっても過言ではありません。

プレーリーハタネズミの夫婦の絆
草原で出会った若い雄と雌が一夜の契りで生涯を添い遂げる　熱愛の物語

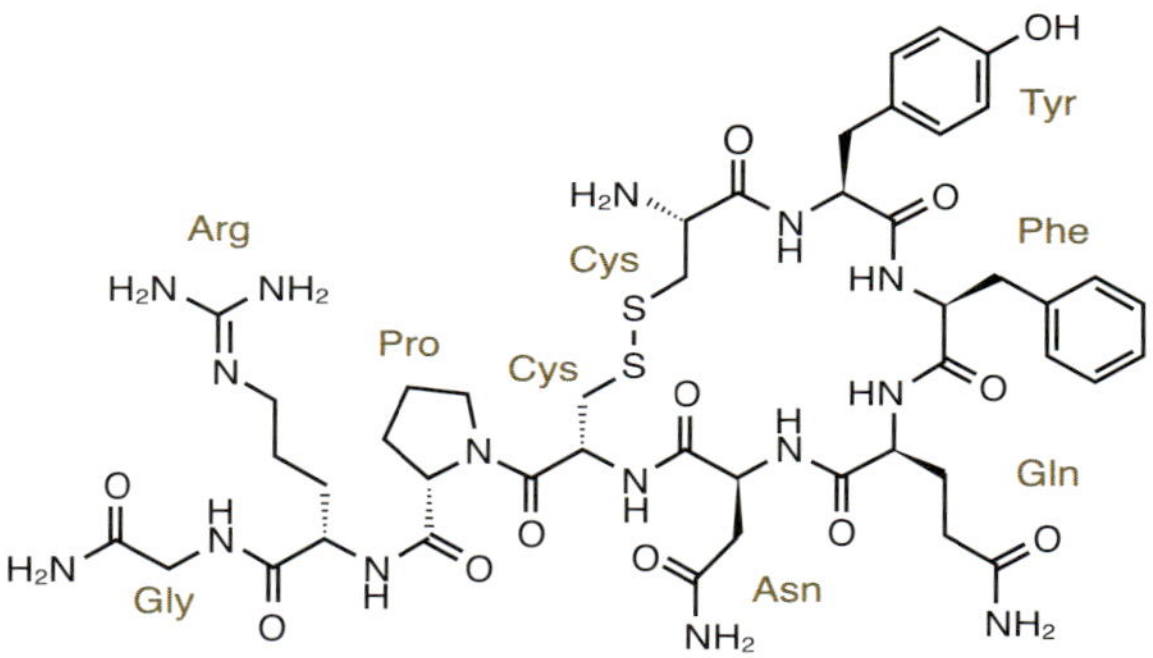

バソプレッシンの分子構造．腎臓での抗利尿や血圧上昇，糖新生にかかわる

プレーリーハタネズミの雄と雌は、親元から離れ巣立つと、一人で草原の探検を始めます。そこで、見知らぬ異性と初めて出会う、運命の出会いが待っています。プレーリーハタネズミの雌は、雄との交尾による刺激を受けて排卵する動物なので、その初めて出会った雄と交尾してしまうと、そのまま妊娠してしまいます。その出会い、運命の日の夜をともに過ごすと、夫婦としての絆が形成されます。

この絆ができる仕組みが科学的にわかってきました。一夜をかけて、雄の脳ではバソプレッ

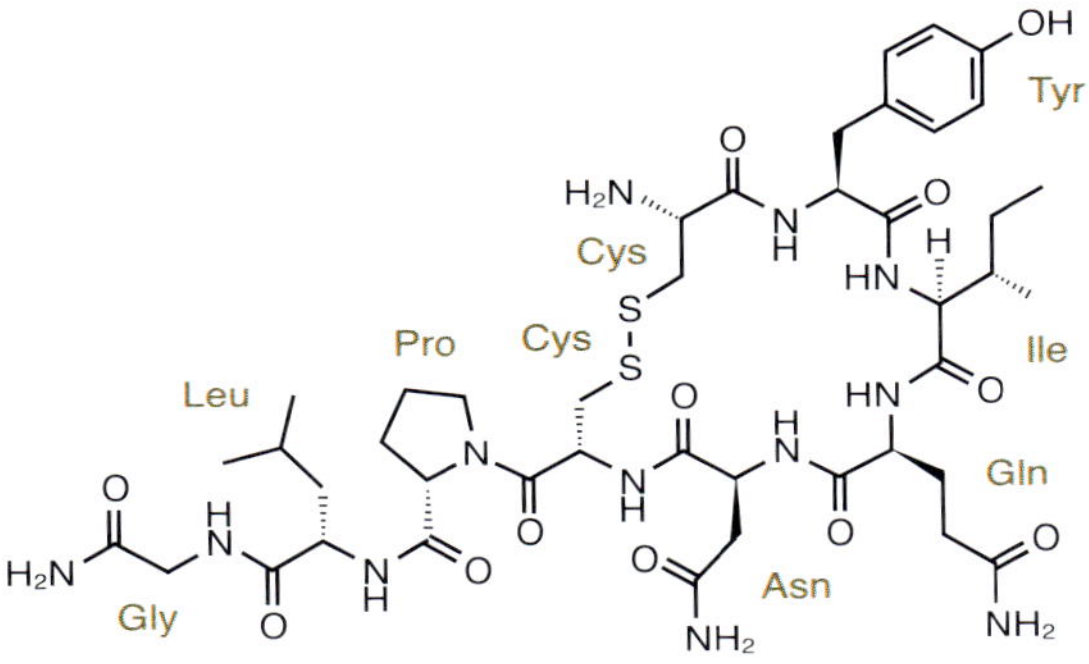

オキシトシンの分子構造．子宮収縮や
母乳づくり，保育行動にかかわる

シンが（前ページ図）、雌の脳ではオキシトシンが分泌され（上図）、自分のパートナーを記憶し、そのパートナーに「ハマる」神経回路が形成されるのです。絆を形成した夫婦は、ともに食事をとり、ともに子育てをし、パートナーが死ぬまで添い遂げることになります。夫はたとえ若い雌が縄張りに入ってきても、求愛をするどころか、攻撃して追い払うようになります。生涯続く絆の成立、それは分子が脳内に刻んだ一夜の契りゆえなのです。

ひとりぼっちで達成することのない「無益（fruitless）」な恋愛に努力を続ける雄のハエ
恋愛モードをつくり出すマスターコントロール遺伝子“*fruitless*”のスイッチが押され続けていた

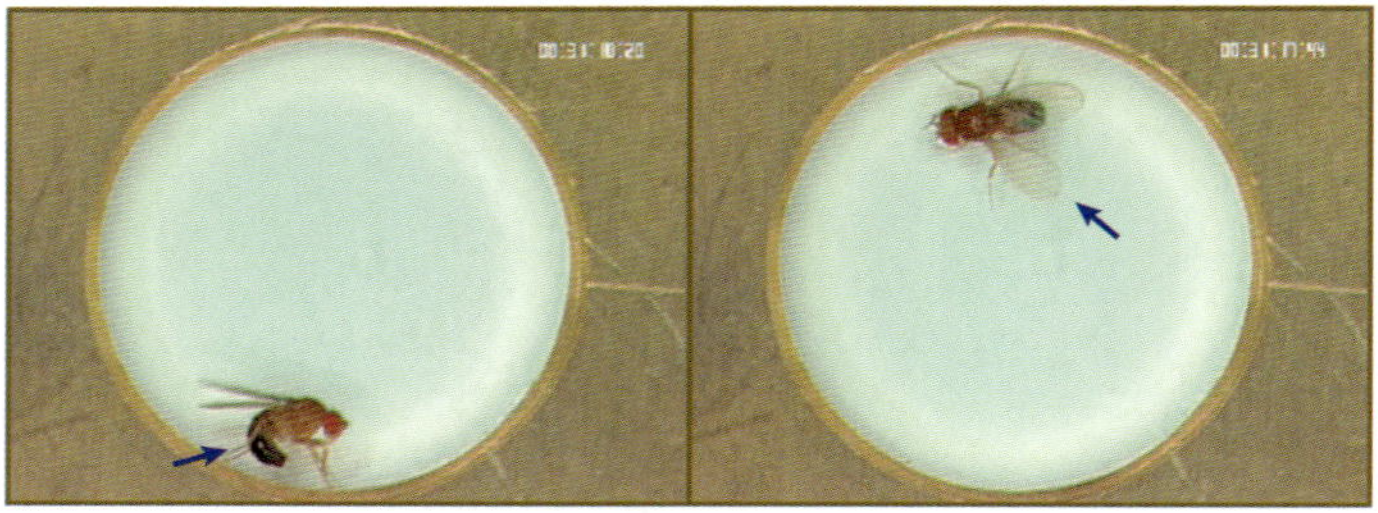

Fruitless 遺伝子を発現する神経細胞の活動を強制的にオンにすると，雌がいないにもかかわらずひとりぼっちで求愛行動を始める．片羽を開いて求愛歌を奏でる様子（右）と相手のいない交尾行動（左）

雄のショウジョウバエは、雌に触れると、雌からのフェロモンを受容して、熱心に求愛の歌を奏でるようになります。しかし、なかには突然変異を起こして、変わった行動をとるものがいます。たとえば、「*Satori*」と名づけられた変異体のショウジョウバエ。*Satori* の雄は、雌に出会っても、まったく無視。興味のない様子で平然としています。その姿はまさに何かを「悟った」かのように。

Satori 変異体で、どの遺伝子が変異しているかを調べたところ、一つの変異が見つかりまし

た。この遺伝子はショウジョウバエの脳の一部、特にフェロモンの伝達にかかわる神経細胞で働いていることがわかりました。では、この遺伝子が働く神経細胞は何をしているのでしょうか。雄でこの神経細胞の活動をオフにすると、雌への興味を失って求愛行動をやめてしまいました。一方、この神経細胞の活動を強制的にオンにすると、雄は相手となる雌が存在しないにもかかわらずひとりぼっちで求愛行動を始めてしまったのです（前ページ図）。まさに悲しい雄のショウジョウバエ。そしてその遺伝子は「無益（fruitless）」という名を授かることになりました。

カタツムリの右巻きと左巻き
恋愛と生存の駆け引きから生まれた新しい生き方

22

カタツムリのほとんどは右巻き。ほんの一部だけ左巻きのものがいます。この巻き方向は基本的にカタツムリの種ごとに決まっていて、ある種に属するすべての個体は右巻きで、またある種に属するすべての個体は左巻きというあんばいになっています。種内で統一されているのは、一つには、カタツムリの交尾の際に、同じ向きの巻きでないとうまく近づけない、巻き方向が異なると交尾が上手にできなくなるからです。右巻きばかりの種に左巻きの個体が生まれても、カタツムリの恋愛競争に取残されてしまいます。左巻きカタツムリはあまり子孫を残せなくなるので、その種は結局みんな右巻きになるのです。

しかし、わずかですが左巻きのカタツムリが生まれることがあります。それはただのミスで、結局死に絶えるだけなのでしょうか。よくよく考えてみると、現存する左巻きの種は、右巻きの種から進化してきたはずです。左巻きへの進化とは、交尾のうえで不利なはずの左巻き個体が割合として増加していったからでしょう。この「ほかの個体と交尾しにくくなる進化」はなぜ起こるのでしょうか？

左巻きにも大きな利点が見つかりました。それは天敵のヘビから食べ

カタツムリを捕食中のイワサキセダカヘビ．粘液のにおいをたどって獲物を見つけ，背後から軟体部に襲いかかり器用に中身を引き出して食べる

られにくくなっていたのです（写真）。ヘビの口は右巻きのカタツムリを食べるのに適した形になっているので、カタツムリが左巻きになるとうまく食べることができません。そのようにして左巻きのカタツムリは生き残ってきた、と考えられています。「ほかの個体と交尾できなくなる左巻き」は、恋愛がうまくいく確率を犠牲にして「ヘビに食べられないようになる左巻き」という生き延びる道を選んでいたのです。

経験の少ない雌は
ほかの雌を真似して雄選び
（写真はグッピーと同様にコピー戦術をとることが知られているベタ）

雌は、雄の優秀な遺伝子を見分け、自分の遺伝子と掛け合わせて、新しい優秀な個体を生むという戦略をとります。そのため多くの動物種では、雌による雄のえり好みが知られてきました。それがしだいに雄の外見や行動を遺伝的に変化させるに至ります。これを性選択といいます。しかし、雌のパートナー選択は遺伝的に決まっているものだけではありません。お年頃になったばかりの雌が「殿方の好み」を決める方法として、「コピー戦術（mate-choice copy）」が知られています。これはパートナーを選ぶ際に、ほかの経験豊富な雌が選んだ雄の様子を観察して、似た雄を選択する現象です。つまり、「好みの真似」になります。

たとえばグッピー。雌は生まれながらにして、雄の体色のオレンジ色や黒の斑点の大きさや形状を基準にしてパートナーを選択する傾向があります。グッピーの雌の「異性の好み」テストでは、透明な壁で三つに区切られた水槽を用意し、両端の二区画に雄を一匹ずつ入れます。中央区画に入れられた雌に、どちらの雄が入った水槽に近づくかを選択させることで、その好みがわかります。では、人気のある雄がさらにモテるのでしょうか。「コピー戦術」の行動実験では、最初に雌がどちらの雄に近寄るかを調べます。次に雌に選ばれなかった残念な雄が、別の雌（モデル雌）と一緒にいる様子を、雌にまじまじと見せつけます。ほかの雌が、自分が選ばなかった雄と仲良くする姿を目にすることになるわけです。最後はモデル雌を取出して、再度二匹の雄を並べてその様子を見ていた雌に選んでもらいます。すると、雌は先の選択とは異なり、別の雌と一緒にいた「モテ雄」を選ぶようになるというのです。これがグッピーの「コピー戦術」。異性との経験が少ない雌にとって、パートナー選択における間違いを減らす意義があると考えられています。

興味深いことにヒトにおいてもほかの同性が選んだ異性が魅力的に評価されることが知られています。モテモテのアイドルは、若い女子にさらにモテる、ということなのでしょうか。

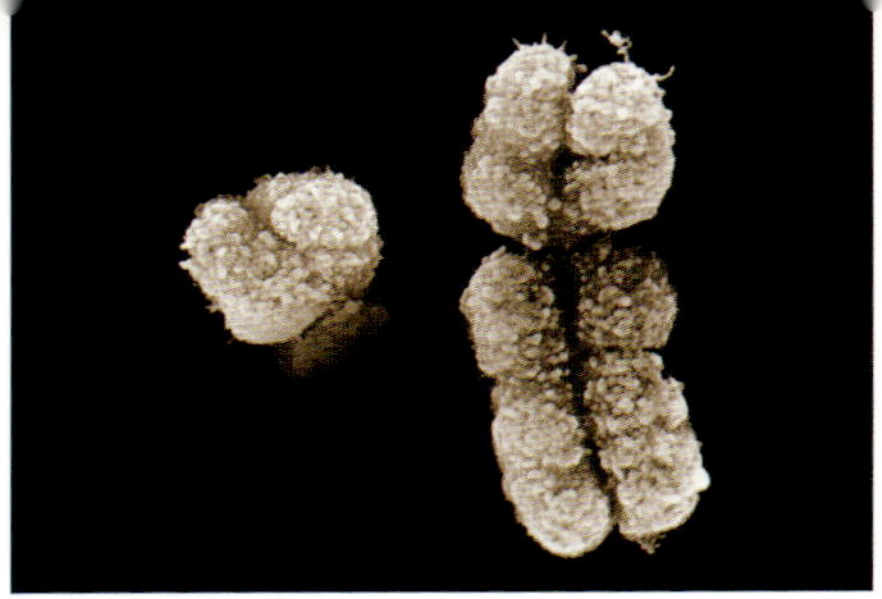

雄を決めるY染色体は崩壊の
一途をたどる
このままいくと消滅する日が
訪れるのかもしれない

24

哺乳類の雌雄を分けるものは何でしょうか。それはお母さんのお腹の中にいるころに分泌される性ホルモンです（68ページ参照）。男性ホルモンであるテストステロンが分泌されることで、雄らしい行動をつかさどる脳と雄らしい姿がつくられます。女性ホルモンであるエストラジオールは、性成熟期に雌の容姿を女性型へと変化させます。ではその性ホルモンの分泌の雌雄差を生むものは何でしょうか。それをたどっていくと、性染色体にたどり着きます。哺乳類の性染色体にはX（写真右）とY（写真左）があります（ほかの生物種では大きく異なることも知られています）。Xが二本だと雌に、XとYなら雄に、というふうに、性染色体の組合わせが性の形成を決定します。

雄を決めるY染色体。実はX染色体と比較して、顕著な違いがあります。まずはその長さ。X染色体に比べて半分くらいしかありません。また、子孫をつくるときに、すべての染色体は複製されて、卵あるいは精子がつくられます。雌の場合は受精後に二本のX染色体をもつことになるのでX染色体の複製にミス（変異）が生じても、変異した部分は正常なもう片方の染色体から情報をもらい、修復できます。一方、Y染色体の複製に変異が起こったときは、その変異を修復するシステムがありません。Y染色体には、しだいに変異が蓄積し、遺伝子が崩落していくことで、短い染色体となったのです。いつしか、ヒトのY染色体は消滅する、とまで唱える研究者も出てきました。哺乳類において、雌だけでも子孫を残す技術も開発されてきたことから、男性不要論、がささやかれるほどです。はたして女性だけの世界は、平和なのでしょうか、それとも終末的なのでしょうか。男性は知る由もない世界であることは間違いないでしょう。

私の犬たち
私が彼らを愛する以上に
私を愛してくれる
それも純粋に　真摯に

25

ノーベル賞を受賞した動物行動学者のコンラート・ローレンツは、自他ともに認める大のイヌ好きでした。

――私のイヌが私が彼らを愛する以上に私を愛してくれるという明らかな事実は否定しがたいものであり、つねにある恥ずかしさを私の心にかきたてる。ライオンかトラが私をおびやかすとすれば、アリ、ブリイ、ティトー、スタシ、そしてその他のすべてのイヌは、一瞬のためらいもみせず、私の命を救うために絶望的なたたかいに身を投ずることだろう。よしんばそれが、数秒の間だけのものであっても。ところで、私はそうするだろうか？――

とまで著書『人イヌにあう』のなかで飼い主に対するイヌの忠誠心を説いています。ローレンツとその飼い犬のスタシの関係は、そのなかでも、特別なものでした。ローレンツはスタシと離れ離れに暮らさなければならなくなりました。スタシは落ち込み、絶望したかのようにおとなしくなり、まったく動かなくなりました。駅に向かうと、遠くから静かについてきます。そしてついに列車に乗り込み別れのときとなると、スタシは果敢にも列車に飛び乗ろうとまでするのです。ローレンツはそれを遮り、線路にスタシを突き落とすはめになってしまいました。その後、スタシは誰のいうことも聞かず、野生動物と化し、ニワトリやその他の動物を殺生、最終的には人にも噛みつこうとするまで、変貌を遂げてしまうのです。

再びローレンツが帰ってきたとき、スタシの示した行動は何ともいえない情景として記されています。ローレンツに気づいたスタシは三〇秒間の、天まで届かんばかりの遠吠えをし、その後ローレンツに飛びつき、はしゃぎ続けます。その歓びを全身で表現したとき、スタシを苦しめていた主人との別離という悲しい現実は完全に消し去られ、かつての利口で従順なスタシへと戻ったのです。

ローレンツは、イヌと飼い主の絆について、さらに文章を紡ぎます"The bond with a true dog is as lasting as the ties of this earth can ever be."（本当のイヌとの絆は、ヒトがこの地球とのつながりがあるように、永遠のものなのです）。このヒトとイヌの絆は、イヌとともに生き、つながった経験のある人には痛いほどわかる、また経験したことのない人には理解するのが難しい言葉です。イヌは特別で、そして不思議な動物なのです。

掲載図出典

写真 1　Anton Khrupin/Shutterstock.com
写真 2　Lano Lan/Shutterstock.com, aleksander hunta/Shutterstock.com
写真 3　Dima Fadeev/Shutterstock.com
写真 4　Photo by Trevor Cole on Unsplash
写真 5　NadyaEugene/Shutterstock.com, Oleksandr Zamuruiev/Shutterstock.com
写真 6　Lucian Coman/Shutterstock.com
写真 7　中村広基氏提供
写真 8　Katrina Elena/Shutterstock.com
写真 9　iStock.com/DaveShrubb
写真 10　浅場明莉博士提供
写真 11　Studio-Neosiam/Shutterstock.com, Anastasiya Kunaeva/Shutterstock.com
写真 12　Wildlife World/Shutterstock.com
写真 13　©uchiyama ryu/Nature Production/amanaimages
写真 14　©NAOKI MUTAI/a.collectionRF/amanaimages
写真 15　木村一貴博士提供
写真 16　khlungcenter/Shutterstock.com
写真 17　BlackRabbit3/Shutterstock.com
写真 18　iStock.com/tonaquatic
写真 19　Rich Carey/Shutterstock.com
写真 20　Larry Young 博士提供
写真 21　MR.AUKID PHUMSIRICHAT/Shutterstock.com
写真 22　細 将貴博士提供
写真 23　panpilai paipa/Shutterstock.com, theskaman306/Shutterstock.com
写真 24　Biophoto Associates/Science Source/Gettyimages
写真 25　著者とその愛犬たち
p.54　Anton Khrupin/Shutterstock.com
p.56　Lano Lan/Shutterstock.com, aleksander hunta/Shutterstock.com
p.58　Dima Fadeev/Shutterstock.com
p.60　Photo by Trevor Cole on Unsplash
p.62　NadyaEugene/Shutterstock.com, Oleksandr Zamuruiev/Shutterstock.com
p.64　Lucian Coman/Shutterstock.com
p.66　中村広基氏提供
p.68　Katrina Elena/Shutterstock.com
p.70　iStock.com/DaveShrubb
p.72　浅場明莉博士提供
p.74　Studio-Neosiam/Shutterstock.com, Anastasiya Kunaeva/Shutterstock.com
p.76　Wildlife World/Shutterstock.com
p.78　©uchiyama ryu/Nature Production/amanaimages
p.80　©NAOKI MUTAI/a.collectionRF/amanaimages
p.82　木村一貴博士提供
p.84　khlungcenter/Shutterstock.com
p.86　BlackRabbit3/Shutterstock.com
p.88 上　iStock.com/tonaquatic
p.88 下　松本 緑博士提供
p.90　Rich Carey/Shutterstock.com
p.92　Larry Young 博士提供
p.94 上　MR.AUKID PHUMSIRICHAT/Shutterstock.com
p.94 下　小金澤雅之博士提供
p.96　細 将貴博士提供
p.97　細 将貴博士提供
p.98　panpilai paipa/Shutterstock.com, theskaman306/Shutterstock.com
p.100　Biophoto Associates/Science Source/Gettyimages
p.102　著者とその愛犬たち
本扉・部扉イラスト　よこやまあやこ

おわりに

タイトルはあまりにも奇抜、そして読み返してみると赤面モノです。四〇も半ばを過ぎた(元)九州男児の言葉とは思えません。これは美酒に酔いしれ、日ごろは表に出せない、いわゆる強気の妄想の現れとお許しいただければと思います。そもそもは、いまや旧友といってもよい米国エモリー大学の Larry Young 博士と彼の書物 "The Chemistry Between Us" の話を、お酒を交わしながら雑談していたときに、この妄想が頭をよぎりました。「愛と分子」と大風呂敷を広げてみたものの、その内容を振返ると、①生物の個の生き死にの関係性から、②遺伝子を組合わせるための相手の選抜を介して、優秀な子孫を得て、③そして自分の遺伝子を保有する子どもたちをより多く残すための戦略にまで至る、かなり根の深い課題を扱うことができました。もちろん、ヒトも含め動物がこのような進化的な戦略や合目的な結果を意識して行動をとることはありえません。しかし、取りつかれたかのような異性への情熱や、わが子を慈しむ心、一緒にいることの満足感、このような精神状態は脳のなかや個体間でやり取りされる愛の分子につかさどられたものの結果なのです。愛の分子の働きによって生物は出会い、つながり、そして生死までもがつかさどられてい

“現代化学” 連載

2015 年	1 月号	絆にかかわる分子 Chemistry between us	菊水健史（麻布大学）
	2, 3 月号	性の誕生 そのスイッチを追い求めて	野殿英恵（鹿児島大学） 松本　緑（慶應義塾大学）
	4 月号	ホタルの発光 同調発光とその目的	大場信義 （大場蛍研究所所長）
	5, 6 月号	ショウジョウバエの求愛行動	小金澤雅之（東北大学）
	7 月号	雌雄はないが裏表と左右はある カタツムリの恋	細　将貴（京都大学）
	8 月号	植物の恋，つなぐ昆虫	岡本朋子（岐阜大学）
	9 月号	「異性の好み」を生み出す 分子と神経	奥山輝大（米国マサチュー セッツ工科大学） 竹内秀明（岡山大学）
	10 月号	視覚で恋する雄ウズラ	戸張靖子（東京大学） 筒井和義（早稲田大学）
	11 月号	雄マウスの性行動は 2 種類の フェロモンによって制御される	山中(埖) 紗智子（米国カリフォ ルニア大学リバーサイド校）
	12 月号	雌マウスは雄の求愛歌を 聞き分けて，パートナーを選ぶ	浅場明莉（麻布大学）
2016 年	1 月号	マウスの MHC，ヒトの HLA と匂い	横須賀　誠（日本獣医 生命科学大学）
	2, 3 月号	雌雄の分かれ道	坂口菊恵（東京大学）
	4 月号	ヒトの親子の絆形成と ドーパミン報酬系による制御	西谷正太（長崎大学）
	5 月号	ヒトとイヌがつながるとき	菊水健史（麻布大学）
	6 月号	愛と分子の旅の終わりに	菊水健史（麻布大学）

† 所属は連載執筆当時

ます。そしてその分子たちは長い年月の進化過程で、その役割を得てきました。

本書は、東京化学同人の月刊誌「現代化学」における連載「愛と分子」（二〇一五年一月号～二〇一六年六月号）をまとめたものです（表）。本書で物足りないと感じた方々は、ぜひとも雑誌の方も目を通してください。連載を終えて振返ってみると、私の想像をはるかに超えて、とてもよい連載が完成したと、寄稿していただいた先生方への感謝の念が絶えません。この連載の発端となった〝chemistry〟という言葉は、分子の結合や親和性などを意味しますが、個人の相性や親和的関係性のことにも使われます。今回の連載と、本書の出版を通して、多くの先生方と〝The Chemistry Between Us〟がさらに高まったような気になります。また研究者というある意味社会性に欠け、わがままの多い人たちを上手に扱って、連載と本書を美しくまとめてくださった東京化学同人の湊 夏来さんにはいくら感謝しても足りないくらいです。この場を借りて御礼を申し上げます。

個体間の絆の起源

私自身の研究は、動物の群れや家族の機能を行動学的、神経科学的に調べることです。なぜ動物は寄り添い集まるのか、そしてそこでどのようなシグナルが使われているのか、脳はどのように反応しているのか。一見、動物を相手に研究を始めると、どうしても競争社会で勝ち残るものだけが生き延びる、いわゆる生存競争に向けた攻撃性や優位性が強く語られがちです。確かにほとんどの動物はそのような生存競争に勝ち残り、現在の地球上に生息することができたといえます。実際、競争に負けた動物たちは滅び、地球からその姿を消していったのです。しかし、競争だけが生物の進化を後押ししたわけではありません。それと同時に、仲間を助け合い、庇護するような共生や協力のシステムも獲得しました。代表的なものは、母子間の関係性です。母親は自分の子を守るために、侵入してきた雄に対しても勇敢に立ち向かいます。子との関係は親密で、ぬくもりや思いやりに満ちあふれています。競争という選択圧は、身を守るための協力を生み出し、家族や仲間とのつながりを強くしてきたのです。このような愛着行動や庇護の起源が母子間や親子間に存在する、ということは多くの方にも容易に想像できることでしょう。実際に母子間の関係性は、昆虫、軟体動物、魚類から、私たち人間まで広く観察できる起源の古い機能になります。

絆の形成

個体のつながりを解く鍵は雌雄間と母子間にあると考えています。なぜなら、個体のつながりや協力は、自己の遺伝子をどうやって後世代に効率よく伝達するかに依存しているからです。適切な交配相手を選び、つがい、出産し、子を育てる、このプロセスが生物の選択圧として機能したことは疑いようがない事実です。自己の遺伝子の半分を継承する子どもたちを大事にすることは、適応的価値からも理解しやすいことでしょう。そこには他個体といえども、自分の遺伝子が入っているのです。一方、婚姻相手が遺伝的に近縁であることはまれです。とはいえ、雌雄の出会いがなければ新たな生命は生まれてきません。

そのため、婚姻相手の選択はもちろん、異性とのつながりにもさまざまな選択圧がかかってきたのです。遺伝子の混和はもちろん、その後、自分たちの遺伝子を継承した子孫を互いに助け、育て上げることは、適応的にも価値が高くなります。つまり、それが雄と雌の選択のみならず、夫婦の絆の形成が生まれた背景になります。

一夫一婦制をとる動物では、雄と雌が仲良く寄り添って生活し、ともに子育てをします。有名なものは、プレーリーハタネズミです（92ページ参照）。イリノイの平原で見つかったこの動物は、哺乳類では三%程度しかいない一夫一婦制をとる種です。エモリー大学のThomas Insel, Larry Young, Zuoxin Wangは、このプレーリーハタネズミの一夫一婦制の神経メカニズムを解き明かしてきました。近縁で一夫多妻制をとるモンターンハタネズミと比較をすると、雌ではオキシトシン、雄ではバソプレッシンの受容体の発現が脳の部位で異なることがわかりました。プレーリーハタネズミでは特に報酬系をつかさどる脳の部位に発現が多く、そこにオキシトシンあるいはバソプレッシンを投与すると、絆の形成が促進されました。またオキシトシンやバソプレッシンの働きを阻害すると、本来の絆の形成が抑制されました。普段は一夫多妻制をとるモンターンハタネズミに、プレーリーハタネズミの遺伝子を導入して強制発現させると、雄と雌の寄り添い行動が増加しました。これらのことからオキシトシンとバソプレッシンが絆形成にかかわる分子であることが明らかとなりました。ちなみに、その後、ヒトを対象とした研究でも、オキシトシンあるいはバソプレッシンの受容体の遺伝的多型が見つかり、この遺伝子の違いが男女間の「もめごと」の問題発生率に関与していました。同じオキシトシンという分子の機能が、ヒトにおける安定した男女関係の維持にも一役買っていることがわかったのです。

古くは雌が妊娠や出産に使っていたホルモン、オキシトシン。このオキシトシンが脳にも作用するようになり、出産と同時に自分の子供に対して無償の愛を注ぐ、そのような母性愛のスイッチを入れるようになりました。このスイッチによって、母は子離れするまでの間、献身的に養育に励みます。

私の犬たち：アニータ（左）とコーディー（右）

オキシトシンの進化の歴史は古く、昆虫ではイノトシン、魚類ではイソトシンとして機能し、やはり個体間の関係性や養育行動にかかわっていることが示されました。母子愛の起源は、「性」の獲得から多少遅れたとしても、ほぼ同時期にあった可能性を示す知見です。そしてオキシトシンはさらにその機能を多様化させ、ヒトでは協力行動や親和性、信頼にもかかわります。近年の私たちの研究からは、ヒトとイヌがつながるとき、見つめ合うことで両者にオキシトシンが放出されることが示されました。これは、同種間だけでなく、ヒトとイヌでは異種間においてさえも、そこにオキシトシンという分子が関与することを示すものです。長い進化の歴史の産物は、種を超えた関係性をもつくり上げています。

私の犬たち

ケビンクルト（左）とジャスミン（右）

朝、目を覚ますとまずは最初に犬との挨拶が始まります。若いケビンクルトは短い挨拶で、まずは部屋をあちこちと調べて、新しい朝のにおいを楽しんでいます。ケビンクルトの母、情緒豊かなジャスミンは物陰からそれらの様子を眺め、さて私が散歩に行こうと思うその直前に、「さて私もそろそろ出番かしら」と歩み寄ってきます。たわいのない毎日のできごとです。この犬たちも私の飼い始めたスタンダードプードルのコーディーとアニータの孫とひ孫です（前ページ写真）。そして皆、同じような温かい視線で愛を注いでくれます。ヒトとイヌがともに目覚めるようなってから二万年から三万年が経とうとしています。長い共生の歴史を、そして、その歴史のなかで働いていた分子の力を、今この目の前で実感し、体感できる感動が胸を満たす、そんな朝を迎えることができます。地球で生まれた生命体が長い歴史をかけて育んだ関係性、これからも永遠にと願い、愛と分子の旅を終えることとしましょう。

愛と分子

惹かれあう二人のケミストリー

菊水健史著

2018年3月23日 第1刷 発行

ISBN978-4-8079-0930-8
Printed in Japan

発行者
小澤美奈子

発行所
株式会社 東京化学同人
東京都文京区千石3-36-7（〒112-0011）
電話 (03)3946-5311
FAX (03)3946-5317
URL http://www.tkd-pbl.com/

印刷 株式会社 木元省美堂
製本 加藤製本株式会社